JN298948

EINSTEIN SERIES
volume 11

宇宙の一生

最新宇宙像に迫る

釜谷 秀幸 著

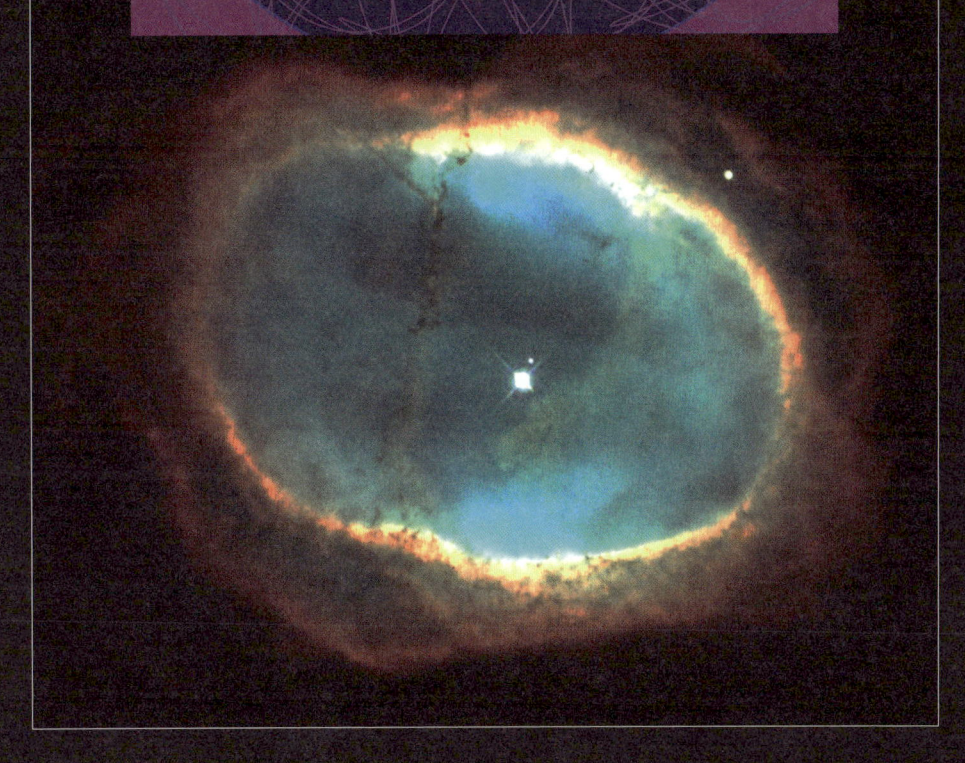

恒星社厚生閣

はじめに

　宇宙への関心は大人から子供まで，男女の分け隔てなく多くの人々が抱いているように思われる．それは，自分達が如何なる世界の住人であるかを知りたいという純粋な欲求であろうと想像する．実際のところ，筆者である私自身も，この我々の宇宙が現在どのような姿にあるのか，そもそも宇宙自体がどのように生まれ現在我々が知る宇宙へと進化してきたのか，日々興味を搔き立てられている．本書は，そういった根源的な疑問を念頭に置きつつ，最新の宇宙像を伝えることを目標として執筆した．つまり，最新宇宙像から判る宇宙の一生を語ることが本書の目指すところである．この書物を手にとってくれた方々が少しでも，宇宙の魅力に改めて気づいてもらえたならば，望外の幸せである．

　ところで，宇宙の一生を理解することとは一体どういうことなのであろうか？現世界の宇宙は非常に複雑な現象が入り乱れており，無目的にその正体をつかもうとしても，素直な理解へ到達することは大変困難である．その誕生を物語るべき道具も未完成の状態にある．本書では，筋道を少しでも明るくするため，宇宙の一生を「構造形成史」と「宇宙論」とに大別して考えることにする．「構造形成史」とは，銀河などの天体の誕生や進化，そして宇宙におけるそれらの空間分布の進化史であり，「宇宙論」とは，宇宙自体の誕生と進化の歴史ととらえられる．本書では，特に近年大きくその理解が進みつつある宇宙の「構造形成史」に力点をおき，最新宇宙像を語っていきたいと思う．「宇宙論」に関しては，第1章にその枠組みを紹介することに留めたい．

　本書では，現在の宇宙の姿を，できるだけ大きな空間構造を概観することから物語っていく．宇宙の大雑把な姿をまずは伝えたいということが筆者の目的ではあるが，事物の如何にかかわらず，ことの次第の大枠をまず把握することが大切であると筆者自身が信じているからである．そこで第2章では，宇宙の大規模構造について，ごく簡単な解説を行いたい．宇宙がそれ自身に大規模構造を有することは，宇宙空間での銀河の分布を調べることから分かる．この意味で，銀河とは宇宙の基本構成要素であると言えるであろう．そこで，第3章において，銀河の基本的性質を概観することにする．

ところで，宇宙をある一定以上の大きな空間的物差しで見つめるならば，それはほとんど一様かつ等方的に観測されると考えられている．しかし一方，我々が我々の太陽系を観察するかぎり，例えば，太陽からの光は太陽自身からの直接光，そして，月やその他の太陽系の惑星や惑星間物質からの反射光のみであることが分かる．明らかに，我々の身の回りは，非等方な（光の濃淡がある）世界なのである．この宇宙の中で，一様等方的な状態から我々の存在する非一様な世界がどのように生じてきたのか，特に銀河という概念を介して解説していく．

　さて，一口に銀河を中心概念に据えて宇宙を概観するといっても，銀河が星の集団であることより，恒星に関する基本的知識を抜きには銀河を楔として宇宙を語ることはできない．そこで，第5章において，恒星の進化にも簡単に触れていく．実際，銀河の輝きは，その構成要素である様々な恒星光の重なり合い方の反映である．このことからも，銀河の直接的情報を担う光の出所である恒星の性質を把握しておくことは，宇宙の理解へ到達するために重要であることと想像してもらえると思う．また，第4章では，恒星自体の形成に重要な星間物質についても言及する．さらにごく最近では，我々の太陽系を含んだ惑星系形成の議論がホットに展開されている．このあたりの事情も第6章にまとめる．

　現代天文学は，人類の歴史上遭遇したことのない，大発展の時期を迎えている．地上では，8mクラスの大望遠鏡が続々と本格的に稼動し，華々しい成果を上げ続けている．さらに地球上空高くまで様々な望遠鏡を打ち上げ，地上からでは不可能な観測を実行する計画も大々的におし進められている．理論的にも，計算機技術の発展のおかげで，いままでその原因が憶測の域を出ていなかった複雑な現象の理解が深まってきている．こういった最新の宇宙探求についても，折に触れて紹介していく．宇宙の最新像の迫力を，本書を手にしてくださった皆様が少しでも体感してもらえるよう努めたつもりである．

筆者

目　次

はじめに ……………………………………………………………………… iii

CHAPTER1　序論 ……………………………………………………… 1
1.1　宇宙の一生を振り返る ……………………………………………… 1
1.2　21世紀初頭に起きたこと …………………………………………… 8
　●COLUMN1●　自由な発想の根源 ………………………………… 18

CHAPTER2　大宇宙の構造 …………………………………………… 19
2.1　宇宙は膨張している ………………………………………………… 19
2.2　暗黒物質 ……………………………………………………………… 28
2.3　暗黒エネルギー ……………………………………………………… 34
2.4　宇宙の大規模構造 …………………………………………………… 40
　●COLUMN2●　星間物理学 ………………………………………… 48

CHAPTER3　多様な個性をもつ銀河たち ………………………… 49
3.1　銀河とは ……………………………………………………………… 49
3.2　銀河の一生 …………………………………………………………… 60
3.3　個性的な銀河たち …………………………………………………… 68
　●COLUMN3●　太陽は孤独か？ …………………………………… 77

CHAPTER4　意外と激しい星間での出来事 ……………………… 79
4.1　星は生まれる ………………………………………………………… 79
4.2　恒星の終末 …………………………………………………………… 87
4.3　星間物質の大循環 …………………………………………………… 93
　●COLUMN4●　研究の大規模化 …………………………………… 104

CHAPTER5　星の物語 ·· 105
　5.1　恒星の一生 ··· 105
　5.2　褐色矮星 ··· 113
　5.3　赤外線観測衛星の大活躍 ·· 119
　5.4　初代の星たち ··· 127

CHAPTER6　惑星系形成に迫る ·· 135
　6.1　惑星系の一生 ··· 135
　6.2　多様な惑星たち ··· 142
　6.3　奇妙な惑星系たち ··· 148

CHAPTER7　今後の天文学 ·· 155
　7.1　ALMA計画が始動 ··· 155
　7.2　宇宙の一生を知るために ·· 161
　　●COLUMN5●　ALMA国際会議に参加して ············· 166
あとがき ··· 168

CHAPTER 1

序論

1.1 宇宙の一生を振り返る

　現在，我々は宇宙の一生をどこまで把握しているのであろうか？　これは，太古の昔より問いかけられてきた疑問である．日本のすばる望遠鏡（図1・1）をはじめ，世界の最新鋭の観測装置が地上から，ときには宇宙からこの人類史上最大の問いかけに答えを与えようと観測を続けている．この知的探究は人類がこの地上で生活を営み続けているかぎり，永遠に続けられるものと筆者は信じている．本章では，様々な時代において，宇宙が把握されてきた様子を紹介してきたい．

図1・1　ハワイ諸島マウナケア山頂の大望遠鏡群．
（提供：国立天文台）

　ところで，宇宙はあまりにも大きなため，「遠い」ということは「昔」であることも意味している．これは，真空における光の速さが一定であることからの帰結である．ただ，もう少し緩やかに考えても問題はない．単純に光の速さ

に上限がありさえすれば,「遠い＝昔」だと考えられるからである．つまり,遠くからの情報を手に入れるためには,近くから情報を取り寄せるよりも,情報の獲得までに時間が必要だと言っているだけなのである．

　しかしこのことは,宇宙の一生を順に追って知るためには,できるだけ遠く（昔）を覗き込む努力が不可欠であることを意味している．実際にごく最近でも,すばる望遠鏡によって,いまより127億年以上前にさかのぼった宇宙の姿をとらえる努力が続けられている（図1・2）．概ね遠方の天体は暗く,観測することが困難である．このため,宇宙の歴史をさかのぼるためには,できるだけ天体からの光を集める必要に迫られ,すばる望遠鏡のような大きな口径の望遠鏡で宇宙を観測する欲求が高まってくるのである．

図1・2　いまから127億年前の宇宙の姿．
　　　　赤く滲んだ天体が遠方の銀河．

1.1 宇宙の一生を振り返る

さて，多くの現代人は，我々が住む宇宙には始まりがあったことを学んでいる．天文学や物理学の講義を直接受講されていなくとも，テレビや新聞，そして最近ではインターネットなどで，宇宙はビッグバンから始まったと耳にした読者の方も多いのではないかと思われる．このことは，現在における最新鋭の技術を駆使した観測によっても覆らないであろう．こういった現代的宇宙観を現在の我々が獲得するに至った，その軌跡をごくダイジェスト的に追ってみたい．

最初に，古代の人々が宇宙をどのように想像していたのか，簡単に振り返ってみよう．まず，古代バビロニアで考えられていた宇宙観を紹介する（図1・3）．彼らの「宇宙」は，星々が貼り付いている天蓋と彼らが生活する土地と海で尽きていることになっている．つまり，実生活を過ごす際に直接的に把握できる世界が彼らの宇宙すべてだったのである．逆に考えると，宇宙の広がりは，人類の認識の限界の表れであったと解釈することができる．現代の宇宙像も，単純に我々の認識の限界で決まっている可能性は否定できないであろう．

次に印象深い宇宙像を提示してくれているのは，古代インドで考えられていたものである．先ほどとは打って変わって，既知の事実の外側では巨大な亀とか神様などの超越した存在に，我々の世界が支えられている様子が描かれている（図1・4）．たぶん，世界が少しわかるようになった結果，"果て"を説明しなくては安心できなくなったのであろう．その果てとして，神秘性をそなえた動物たちにその役目を任せたものと想像される．つまり，理解できないこ

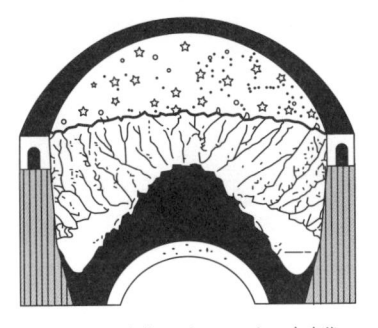

図1・3 古代バビロニア人の宇宙像．

図1・4 古代インド人の宇宙像．

との解決を，超越的な存在に任せてしまったわけである．こういう宇宙像とは別に，宇宙の成り立ちの要素に着目した世界観も存在していた．ギリシア文明が世の中は4つの元素（火，空気，水，土）からなると考えたのはよく知られているこの種の例であろう．これは，要素還元主義のはしりとも考えられる．科学的に正しいかどうかはさておき，こういった思想は，基本元素に大きな構造の原因を帰すという考え方であり，現在の素粒子論的な宇宙像の出発点に一脈通じるものがある．

さて，恒星というものが太陽と同じような天体であると把握する前までは，太陽系が人類の直接認識できる宇宙のすべてであった．地球から天空を眺めているかぎり，天動説が唱えられることも自然かもしれない（図1・5）．

その後，ティコブラーエの観測結果をケプラーが法則化し，惑星の運動には法則性があると判明した．この観測事実は，ケプラーの3法則としてまとめられている．さらに，望遠鏡技術が発展し，ガリレイ（図1・6）が木星を周回する4大衛星を発見した．これは，あたかもミニ太陽系のような印象を与えたことに疑いはない．このガリレイの観測により，多くの人々が天動説に本質的な疑いをもちえた契機を与えたものと思われる．最終的に，ニュートンの万有引力の発見により，地動説（図1・7）の定説化が完了した．それは，天動説より地動説の方が宇宙を単純に記述できることから支持された面もあると想像されるが，それ以上に，科学的予言性を有していたことが決定打となったことが重要である．実際，ニュートン力

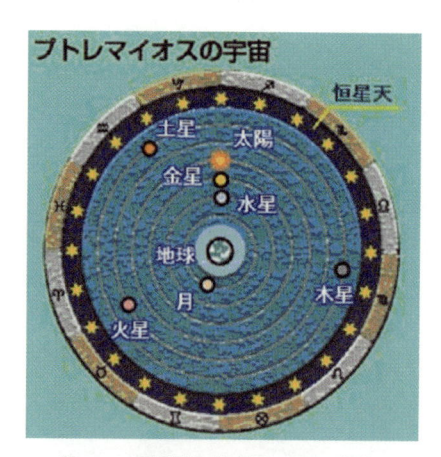

図1・5 天動説の概念図．JAXA提供．

図1・6 ガリレイの肖像画（伝）．

1.1 宇宙の一生を振り返る

学を用いた,ハレー彗星の公転周期の解明により,多くの人々が地動説を直感的に信じるようになったものと考えられる.

さて,天動説から地動説へ変遷した経緯をざっとみてきた.しかし,この時点でも,昔の人々の多くは,宇宙とは静的で不変な存在で,生まれたり死んだり,成長さえしたりしないものととらえていたのである.後ほど詳しく述べることになるが,実際の宇宙は膨張していることが観測的に知られている.これは,遠方の銀河ほど遠ざかる速さが大きいと単純に誰でも観測できることから,固く信じられている.現在の我々は,宇宙が決して定常な存在ではないことを知っているのである.

図1・7 地動説の概念図.JAXA 提供.

しかもさらに,宇宙という膨張する入れ物の中で,恒星,銀河,銀河団,そして宇宙の大規模構造といった,構造物が生まれている.宇宙が膨張一辺倒であることを前提とするならば,我々が認識できる構造物という塊が生じる理由は特にない.ここで,物質の自己重力という概念の導入が必要となってくる.なぜならば,自己重力の関与なしに初めから宇宙の構造物の素が存在していたとしても,宇宙の膨張とともに構造物の素も飛散しているはずで,現在見られる宇宙の構造は形作られないからである.これらの天体の形成過程に関しても,後々の章で多角的な面から迫ってみたいと思う.念のためではあるが,自己重力とは構造物を成す要素同士が引き合う重力のことであることをコメントしておく.

こういったダイナミックな宇宙像,つまり宇宙には始まりがあり構造物が生まれてくるという描像の確立には,アインシュタインの相対論が大きな役目を果たした.この相対論に立脚し宇宙の進化を眺め直すと,宇宙という大きな入れ物が動的に進化することを記述することができるのである.そして,現在の宇宙が膨張しているということは,時間をさかのぼるとある場所に収束して

いくことになる．これは，宇宙自体にも始まりがあったことを予想させる．しかも，基本的な物理により，そのからくりも記述されるのである．少なくとも，我々のいまの宇宙が，昔には非常にコンパクトであったことを強く主張するのである．

図1・8　若き日のアインシュタイン．

図1・9　G.ガモフ（GNV Free Documentation License Ver.1.2）．

宇宙の始まり方を記述しようとする試みが，ビッグバン宇宙論である．時間をさかのぼっていくと，宇宙は非常にコンパクトであったことが強く示唆されることを先ほど紹介した．非常にコンパクトなところに物質を押し込むと，非常に熱い状態になることが期待される．よって，宇宙の始まりは，非常に高温な火の玉のようなものであったと考えられるのである．この高温さを利用して，宇宙の組成の起源を考えようと試みた研究者がガモフ博士である（図1・9）．

ガモフ博士は，宇宙を構成するすべての元素がこの宇宙初期の高温な時代に形成されることを示そうと試みた．博士の試みは，水素やヘリウムといった軽い元素の宇宙における起源の説明には成功した．しかし，ベリリウムより重い元素の合成が非常に難しいことも同時に分かった．つまり，炭素や酸素といった，我々を形作っている，そして我々の生存に欠かせない元素は，宇宙の開闢時ではなく，別ないつかに形成されなければならないのである．こういった，我々が直接慣れ親しんでいる元素は，実は恒星内部で核融合反応が起きることで合成されていることが知られている．

ガモフ博士の熱い火の玉宇宙理論の帰結として，その時代の残光が現代で

1.1 宇宙の一生を振り返る

も観測されることが予言された．それが，近年非常に話題になった宇宙背景放射の存在である．この宇宙背景放射に関する最近の話題は，次節で少し詳しく紹介する．

ただ宇宙背景放射の発見が，ビッグバン理論の証拠でもある一方，新たな問題を提示したことを指摘しておきたい．それは，宇宙の一様性の問題である．宇宙背景放射は，宇宙の任意の方向から観測され，その放射場の揺らぎは非常に小さいものであった．ほとんど一様に滑らかに見えるのである．しかし，宇宙が

図1・10　佐藤勝彦
(東京大学ホームページ)．

この様に一様であるその根拠は不明なままでいた．実際，非一様に膨張することを古典的なビッグバン理論は特別に否定しないのである．では，一様性を保ちつつ，どのようにして宇宙の一生が始まったのであろうか？　与えられた解答は驚くものであった．宇宙膨張のごく初期の段階で，急激な加速膨張があったと考えるのである．こういった考え方はインフレーション理論と呼ばれ，日本の佐藤勝彦博士（図1・10）やアラン・グース博士らにより提唱された．インフレーション理論は，ガモフのビッグバン宇宙創成理論を補完する，重要な位置を占めているのである．ただ，基本的かつ現実的なアイデアは提案されているものの，どのようにしてインフレーションが起きたのか？に関しては，まだ完全な理解は得られていないように見受けられる．その理論の完成には，相対論と量子力学という物理学のさらなる融合が必要とされるであろう．ちなみに，「インフレーション」は英語の膨張を意味する言葉である．急激な膨張が，経済用語のインフレと類似していることから名付けられたそうである．

本当の宇宙の始まりはどのようなものだったのであろうか？　正直，筆者には分かりかねる部分が多い．また，確実に，本当の宇宙の始まりがどのようなものであったかを，断言できる天文学者もいないものと想像している．宇宙が始まった後，どのようなことが起こり，その結果として，現在我々が眺めることのできる宇宙の成り立ちに関しては様々なことが分かってきた．しかし，本当の宇宙開闢時のことは，依然として大きな謎として残されている．この宇宙の始まりに思いを馳せることは，まだロマンの段階といえるかもしれない．こ

の節を閉じるにあたり，1つの結論をまとめたいと思う．それは，人類の宇宙に対する認識は，宇宙の始まりにまで及んでいるということである．宇宙には始まりがあり，宇宙自体が膨張するなかで，銀河や恒星という構造が生まれてきたのである．つまり宇宙の一生とは，宇宙が生まれ膨張していくなかで，様々な構造が生まれていく歴史に他ならないのである．

1.2　21世紀初頭に起きたこと

　宇宙全体の進化をどのように人類は記述できるのであろうか？　その大きなヒントを，アインシュタインが提案してくれている．アインシュタインは「時空」の進化を記述する基本的理論を作り上げたのである（図1・11）．我々の住む宇宙という入れ物はまさに「時空」であるために，この一般相対性理論は宇宙の進化の理解に大きく役立っている．次章で詳細に述べることになるが，宇宙の膨張の様子がこの一般相対性理論により，その基本が記述されるのである．こういった記述上の基礎はフリードマン博士（図1・12）によって整理されていた．その業績に敬意を払い，宇宙の膨張則を記述する方程式はフリードマン方程式と呼ばれている．

$$R_{\mu\nu} - \frac{1}{2} R g_{\mu\nu} = \frac{8\pi G}{c^4} T_{\mu\nu}$$

図1・11　アインシュタイン方程式：左辺は時空の様子を記述しており，右辺は時空の様子が物質の存在によりどのように特徴づけられているかを表している．

図1・12　フリードマン博士の似顔絵（JAXAウエブページスペース百科）．

　こういった一般相対論的宇宙論が我々に教えてくれることは，宇宙の進化は宇宙の膨張率（定常も含む），宇宙を構成する物質密度，そして宇宙項として有名な未知のエネルギーで記述されることである．古典的な観測的宇宙論では，これら3つの宇宙論パラメータを精度よく決定することに心血が注がれてきた．その後，21世紀になり，ようやくこれらの宇宙の基礎的量が非常に良

1.2 21世紀初頭に起きたこと

い精度で定まるという歴史的進展があった．そこでここでは，この記念碑的事件を簡単にではあるが，まとめておきたいと思う．

　2003年に宇宙自体の構造を人類が把握する大きなチャンスに恵まれた．それは，WMAPという観測衛星（図1・13）による成果がもたらされたからである．宇宙の構造形成史を敷衍すると，小さい構造がまず出現し，それらが成長合体することで，より大きな構造が形成されたことがうかがえる．では，最初の小さい構造の痕跡はどこに見出せるというのだろうか？　もっともな疑問である．

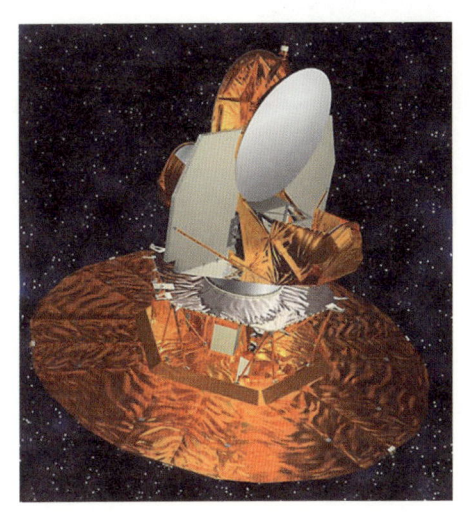

図1・13　WMAP衛星（NASA）．

　実際，現在我々が目にする宇宙における構造形成の最初の成長段階をとらえることは天文学の悲願であった．なぜかというと，現在の銀河や銀河の集団の形成や空間分布を定量的に説明するためには，その種となる物質のコントラストがごく僅かであることが必要とされたからである．観測的に，その痕跡を突き止めるには，その微小なコントラストを得なければならなかったために困難を極めたのである．

　そのブレイクスルーは1990年代にやってきた．COBE観測衛星（図1・14）の大活躍のおかげである．構造形成の種となる物質のコントラストは，天球上

CHAPTER1 序論

の温度揺らぎとして観測される．遠方から我々まで到達する光は，宇宙膨張に逆らって進行するために，その波長を長波長に変化させながら伝播してくる．その基本はドップラー偏移である．救急車や消防車，そしてパトカーのサイレンの音が，我々に向かってくるときと，その逆のときと若干音色が異なることを確認できる．近づいてくるときには高音に，遠ざかるときには低音に聞こえるはずである．高音とは波動（情報伝達の単位と思ってもらってかまわない）の波長が短いことに対応し，低音とはその波長が長いことを意味する．これは音の話であるが，光も同様である．光を発する遠方の物質はすべて我々から遠ざかって見える．よって，そこから発せられる光は，我々が検出する際には，もとの波長より長い波長になる．

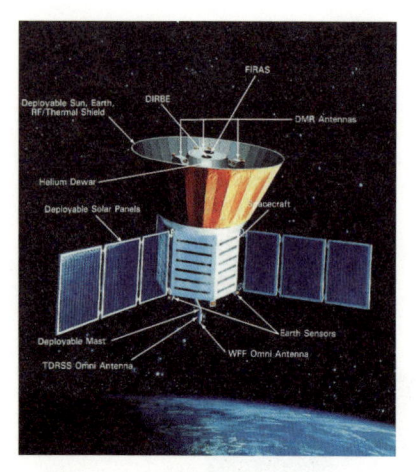

図1・14 COBE観測衛星（NASA）．

さて，構造形成の種のコントラストは，構造形成が，いままさに始まろうとしているときの密度揺らぎである．その密度揺らぎは温度揺らぎとして認識される．言い換えるならば，そのときの密度揺らぎから発せられる光の性質は主に温度で特徴づけられているのである．よって，天球上の温度揺らぎを検出さえすれば，宇宙の構造形成の初期段階をとらえることができ，宇宙の開闢に一歩近づくことになるのである．こういった宇宙の構造形成の種探査に大きな成果がCOBE衛星によってもたらされたのである．その代表的観測結果を図1・15として紹介する．

読者は，図1・15を見てどのような感想を得るであろうか？　何かシャープさに欠ける映像で，これで本当に宇宙の神秘に一歩近づいたのか疑問に思った方々も多々と思われる．実際には，COBE衛星の活躍により宇宙の構造形成の理解は格段に進んだのであるが，しかし，最先端の科学者も読者と同様に，よりもっとはっきりとした結果を求めて努力を惜しまなかったのである．

1.2 21世紀初頭に起きたこと

　その努力の甲斐が実り，先ほど述べたWMAP計画に結実したのである．WMAPによる天球面の温度揺らぎ分布を紹介しよう（図1・16）．見て明らかなように，より細かい揺らぎまで，よりシャープにとらえられていることが判る．もちろん，これだけクリアな観測が行えれば，宇宙の構造形成初期の様子がより詳しく把握できる．その結果を示したものが図1・17なのである．この図の解釈には，いくつかの基本的物理過程を理解する必要があるのであるが，興味をもたれた読者は，『宇宙その始まりから終わりへ』杉山直著が，直感に訴えかける記述をしてくれているので非常に参考になると思う．いまここで把握してほしいことは，この図の横軸が揺らぎのサイズ（右に行くほど小さく，左に行くほど大きい）で，縦軸が揺らぎごとの振幅の大きさに関係した量であることである．重要なことは，揺らぎサイズごとの振幅の強度が判定できるところにある．この初期条件に矛盾しない構造形成理論を我々人類は構築しなければならない．

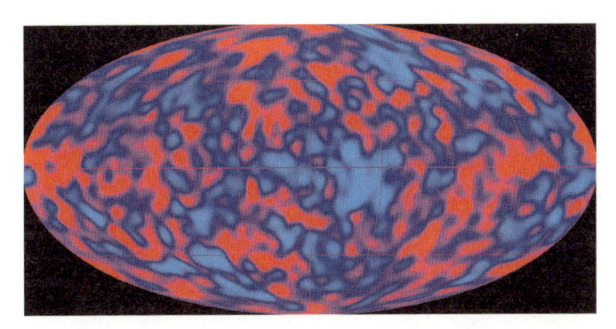

図1・15　COBE観測衛星により検出された宇宙背景揺らぎ．

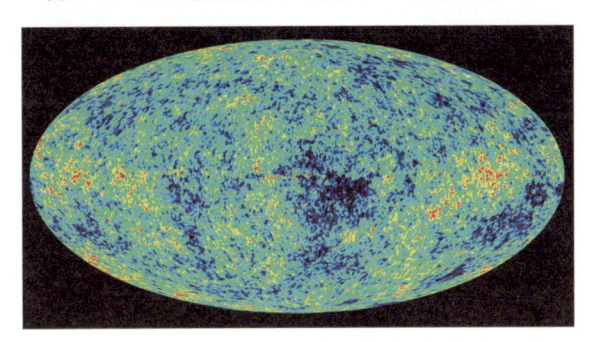

図1・16　WMAPによる宇宙背景揺らぎの観測結果（NASA）．

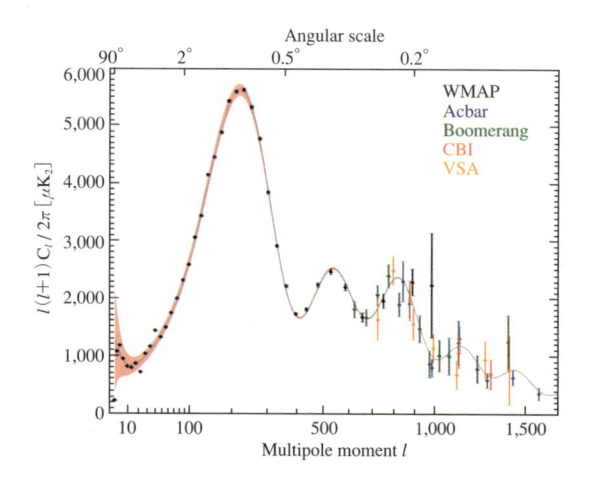

図1・17 WMAPによる宇宙背景揺らぎのサイズ分布例（NASA）.

　ここまできれいな天球上の温度揺らぎが検出されると，宇宙の膨張則に関しても詳細に議論できるようになる．言うなれば，宇宙の進化を特徴づける基本的な3つのパラメータが精度よく定まる．ここに人類は，古典的観測的宇宙論は宇宙の膨張則を記述できる諸量を定めるに至ったのである．人類の英知の勝利と言っても過言ではない．

　ところで，本当に我々はこれで宇宙の進化を理解したことになるのであろうか？　答えはもちろんNOである．観測的宇宙論から判ったことは，宇宙の膨張則と構造形成が無矛盾であることである．どのように膨張則と「構造形成史」が絡み合ってくるかに関してはほとんど何も答えてくれていないのである．

　さらに悪いことに，宇宙論的基礎パラメータが定まるということは，単純に問題が質として別なものに取って変わられたことと同義である．実は，宇宙の膨張則が定まったということは，我々の宇宙が「暗黒物質」と「暗黒エネルギー」で満ち満ちていることが分かったということに対応する．暗黒物質って何であろうか？　それにも増して暗黒エネルギーって何者なのであろうか？　現実には，このような問い掛けに問題がとって変わったと思ってよいと思われる．

1.2 21世紀初頭に起きたこと

実際これらは，筆者にとっても謎の物質，そして謎のエネルギーである．ただし，これらの実在性はWMAPの観測結果以前から天文学的に強く示唆されていたものではある．ここら辺の事情は，章を変えて改めてまとめ直したい．ここでは，こういった謎の実態がまことしやかに，プロの科学者が研究していることを伝えるにとどめたい．

WMAPにより宇宙論的基礎量が定まったと述べたが，1点注意を喚起しておきたい．確かに，WMAPグループは，いままでに例を見ないほどの精度で宇宙論パラメータの測定に成功した．しかし，最も精度よく宇宙論パラメータを定めたケースでは，超新星を利用した研究成果が利用されているのである．ある種の超新星は，その明るさが大体均一であると期待されている．明るさが均一だと，近いものは明るく，遠いものは暗く観測される．つまり，明るく超新星を検出できるか否かが，そのまま距離の指標に使えるのである．距離が判れば，超新星が輝いた宇宙論的時刻も推定される．この，距離と時間の情報が得られることを利用し，つまり超新星爆発現象を利用し，宇宙の膨張則が議論できることになるのである．

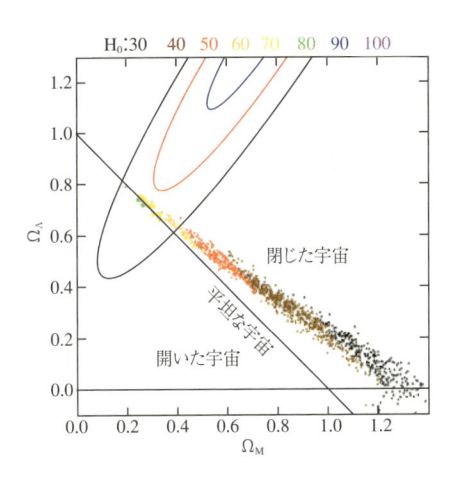

図1・18 縦軸は暗黒エネルギーの量，横軸は暗黒物質の量．
右斜め上に伸びている楕円領域が，
超新星により探査された宇宙の構造より許される
宇宙論の基本パラメータの範囲である．
(参考：R.A. Knop et al. 2003, D.N. Spergel et al. 2003)

CHAPTER1 序論

いずれにしても，やはり宇宙は現在膨張している．次章でその歴史的背景とともに改めて紹介することになるが，時間をさかのぼると1点に収縮していってしまう事実は避けて通れない．ここでもやはりビッグバンの問題を避けて通れないのである．宇宙が1点に収束していくとはどういうことなのであろうか？ 正直，筆者にもよく分からない部分はある．ただし，何を解決すべきなのか？ といった物理的要請は理解できる．最も基本的な要請として，適当な量の物質をある領域に急に閉じ込めようとすると，その物質は急に熱くなることが挙げられる．我々自身がこの宇宙に存在するかぎり，我々やその物質環境を構成している物質は，時間をさかのぼるとある1点に閉じ込められていくことになる．つまり，我々の知る通常の物質が，ビッグバンの時点では非常にコンパクトな領域に押し込められていたことになる．これは，もう単純に，ビッグバン時には，我々の知る物質は非常に熱い状態にあったとうかがえる．

では，本当にビッグバン時には，通常の物質はそれほど高温な状態にあったのであろうか？ キーワードは元素合成である．宇宙の水素やヘリウムの量から，実際にビッグバンが起こっていたことが裏付けられるのである．標準的なビッグバン理論が予言する水素やヘリウム，リチウムなどの相対量の予言をまとめたグラフを紹介しておく（図1・19）．

我々の身近で報道される科学として，核融合の話題が提供されることがしばしばある．基本的に核融合は高温な状況で起きる．これは，適当な2つの原子核をお互いにくっついて離れないほど強力にぶつける必要があるからである．原子核の基本構成要素を，陽子，中性子，電子と近似してみる．すると，適当な温度で適当な原子核がこれ

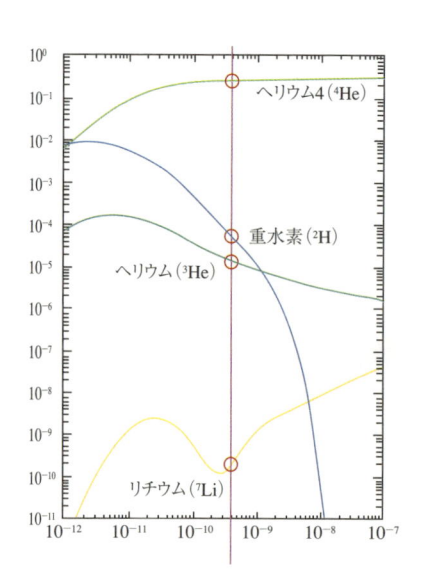

図1・19 縦軸はビッグバン時に形成された軽元素量，横軸は光の量に対する通常の物質の量．

1.2 21世紀初頭に起きたこと

らの衝突で形成されていくことになる．これを，宇宙論的に許される環境や状況設定の範囲でまとめたものが図1・19である．宇宙論的問題の議論に適切な天体でこれらの組成比を観測的に調べてみると，驚くべきことに，ビッグバン理論が予言し，その組成比が許される範囲でとらえられていることを強調したい．宇宙が膨張していること，そして宇宙の組成が無理なく説明できることから，ビッグバン理論は標準理論として受け入れられることとなったのである．

さて，宇宙は非常にコンパクトで高温な状況からその人生が始まった事実は避けられないものと分かった．では，その避けられない事実が本当であるかどうか，どのように我々は確かめればよいのであろうか？　先ほど，物質をある1点に押し込んでいったならば，その押し込まれた物質は熱くなると述べた．逆を考えてみよう．ある物質を包み込んでいる領域が，その領域との外界との熱のやりとりが一切ない場合を考えてみる．このとき，明らかに，その領域内の物質の温度は下がってくる．こういったことが，宇宙の膨張の際にも言えるのである．ただ，その対象は物質ではなく光子と変更されることになる．

つまり，宇宙の膨張とともにそこに納められている光子の温度はどんどん小さくなっていくのである．別な言葉で述べるならば，波長がどんどん長くなっていくのである．1つの光子当りのエネルギーは，短波長の方が大きく，長波長の方が小さいことを思い出しておこう．いずれにしても，現在の我々がビッグバンの痕跡を見つけようとすると，我々は膨張していった先の住人であるために，極端に波長が伸びてしまったビッグバンの残光を検出することになるはずだ．実際にその残光を宇宙背景放射として見つけたのが，有名なペンジャスとウイルソンである（図1・20）．

ここで，我々が観測できる宇宙の揺らぎとは何かを確認してみよう．いま，述べたように，天空には

図1・20　A. ペンジャス博士と R. ウイルソン博士．ピュートル・カピッツアとともに1978年ノーベル賞受賞．
（© The Nobel Foundation）

CHAPTER1　序論

宇宙背景放射が満ち満ちている．それは，ビッグバンの残光で，ガモフが予言したものと大きく矛盾するものではない．宇宙の構造形成の種としてのコントラストとは，この宇宙背景放射の揺らぎのことを述べていたのである．つまり宇宙背景放射揺らぎとは，ビッグバン残光中の揺らぎのことだったのである．

とりあえずここで，大まかな宇宙の一生の概観をまとめよう．まず，神の一撃でビッグバンが起こる．その後，前節でごく簡単に紹介したインフレーションが起き，宇宙が急激に膨張する．このとき，標準的に原子核形成期があり，いよいよ我々が直感的に把握できそうな銀河や恒星たちが生まれてくる．その途中，構造形成は進みつつも光るものがない時代（宇宙の暗黒時代）や，いったん電子と陽子が合体し，ほぼ中性となった後，再び宇宙全体がイオン化する時代を迎えたりする．この一連のイベントを図1・21にまとめておく．この大枠は，我々の知っている物理学に誤りがないかぎり，大きく変更を被るものではないと，筆者は確信している．

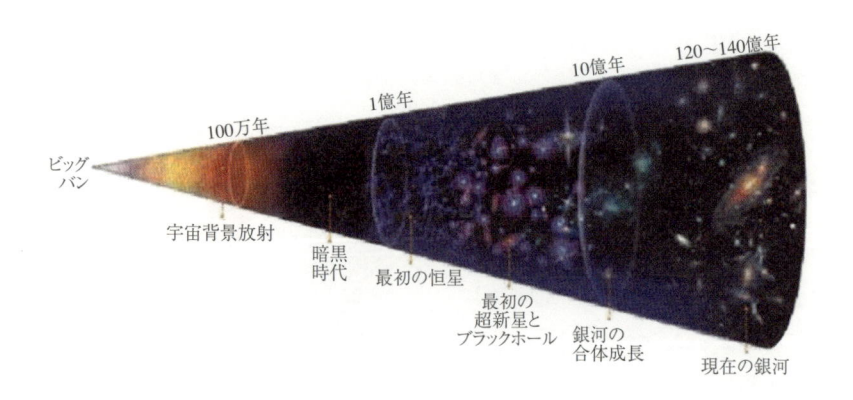

図1・21　宇宙の一生
(Larson,R. and Bromm,V. 2001, Scientific American Vol.485, No.6, p,64)．

1.2 21世紀初頭に起きたこと

この章の最後に，現代的に問題となっているテーマをまとめる．繰り返しにはなるのが，この世の中は「暗黒物質」，「暗黒エネルギー」という謎の物質やエネルギー形態に満ち溢れている．これらの物理的実体は何なのであろうか？それぞれに関して，以下の章で少しでも論じていきたい．加えて，こういった枠組み，つまり不確定要素のある枠組みでの構造形成史の我々の理解はどこまで正しいのであろうか？　もちろん，宇宙の始まりは究極の謎である地位を保ったままである．これらの疑問に答えるためには，多分，常識的なアプローチでは難しいような気がする．大胆な発想の転換のもと，要求される基礎事実を踏まえて，宇宙の深遠に迫る必要があるのかもしれない．そして，究極的に，これからの我々の宇宙はどのようになっていくのであろうか？　超新星を利用した観測によると，どんどん加速膨張していくことになる（図1・22）．こういった予言を検証するためには何をどのように研究を進めればよいのであろうか？　少なくとも筆者が言えることは，「宇宙は人類に残されたフロンティア」である．その神秘は限りなく深く，人智の挑戦を待ち受けているのかもしれない．

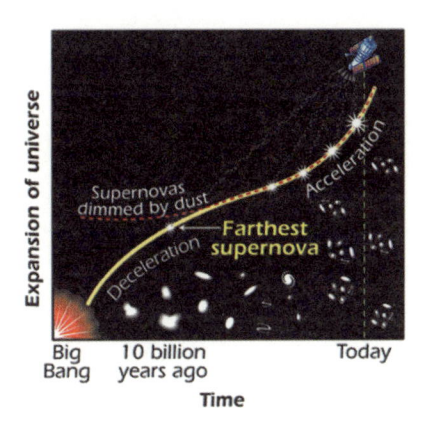

図1・22　宇宙の未来．膨張を続けることになるらしい．
（STSci／NASA）

● COLUMN 1 ●

自由な発想の根源

　私が天文学者を目指したのは、そもそも人類による宇宙の理解の到達度を知ろうとしたことがきっかけであった。人類の一員として思索の限界に挑戦してみたかったこともある。そこで大学受験時も、当初から大学院への進学を念頭に置いた勉強を進めていたつもりである。幸いにして、大学院修了後程なく、京都大学に研究者としての職を得ることができた。そのような中、2001年に英国はオックスフォード大学へ客員研究員として留学する機会に恵まれた。長くはない期間であったが、異文化の中で生活する刺激と不安は良い思い出となった。

　留学中、オックスフォードの多くのカレッジを訪問してみた。私も例に漏れず、カレッジの美しさと校舎の造形美には心打たれた。1つ、日本の大学と大きく異なるのは、空間が無駄に広く使われているところであろう。それは単純に校庭が広いというだけではなく、誰でもそこに受け入れられそうな雰囲気を醸し出しているということである。こういった学び舎で語らい、思索に耽るならば、黙っていても独創性の溢れる人材が輩出されそうな気分にもなった。無駄こそ創造性に必要なものであると思っている。

　オックスフォード大学を訪れたのは、宇宙における構造形成研究の大家であるJ．シルク先生との共同研究を行うためであった。シルク先生との対話を通して改めて気づいた点がある。それは、学問の自由さである。標語的に学問は自由であると述べられることがある。しかしどのような学問でも、時代性や科学技術力の制約という呪縛を逃れることは難しい。実際、学問にも流行があり、その流行に乗れるかどうかで、学者の能力が測られる場合さえある。シルク先生との対話より、既成概念の検証と、それに囚われすぎない着想力の重要さを改めて確認できたことは、個人的信念を裏付けられたという意味で非常に有益であった。実学から距離があり、自由な精神活動が許されると思ったからこそ、天文学の研究者に魅力を感じたことも思い出させてくれたからである。

CHAPTER 2
大宇宙の構造

2.1 宇宙は膨張している

　20世紀を通じて，我々人類は宇宙が動的な実体であることを理解してきた．宇宙は古代人達が想像したような，永久不滅の静的な存在では決してないのである．我々の宇宙には誕生があり，しかも現在にわたり膨張し続けているのである．さて，我々はこのダイナミックな宇宙の成り立ちをどのように記述することができているのであろうか？　ここでは，ごく簡単に，その記述の枠組みについて紹介していく．

　宇宙の進化を宇宙自体の運動という観点から眺めていくことにしよう．宇宙の運動は，宇宙の物質の量，宇宙の膨張則，宇宙の膨張率の変化がわかれば，およそ記述することができる．それぞれ，密度パラメータ，ハッブル定数，減速係数と呼ばれている量として定量的に表現される．この3つが決まりさえすれば，我々は宇宙全体の運動の様子を理解できるのである．もし観測的に宇宙の動的性質を明らかにしようとするならば，これら宇宙のパラメータがどのような観測量に反映しているかを把握し，特に観測対象の距離の決定に心を砕く必要が出てくる．ところで，天文学にとってはほとんどの場合，この距離の決定に困難がつきまとっている．宇宙論の場合でも，その例外ではなかったのである．

　さて，宇宙のパラメータとしてはすでに紹介した3つの他に，曲率係数と宇宙項といったものが知られている．前者は宇宙の平坦さを表している．地球上の運動を例にとって考えてみることにしよう．まず，我々は地球が丸いことをよく知っている．難しいことを考えなくとも，最近の地球を周回する人工衛星やスペースシャトルからの映像を眺めることで，地球が丸いことは確認できるであろう．いまや，地球が丸いことを疑う人間はほとんどいないはずである．

CHAPTER2　大宇宙の構造

ところで，我々が普段地球上で暮らしているだけならば，地球の丸さを感じることは全くない．ただ，高い山や大海原を見渡せる岬に立つとき，その遠方の存在を見つめたときに初めて，地球が丸いと感じることができるのである．宇宙も同様である．我々の近傍の宇宙が平坦（つまり，我々の通常の空間感覚により直感的に把握できる）であるからといって，宇宙全体が平坦である理由は全くないのである．よって宇宙の曲率を知るためには，地球上で地球の丸さを感じられる場合と同様に，我々からずっと遠方の物を見る必要がある．その遠方の物としては何が適切なのであろうか？ ただ1つだけ特別なものがあればよいということもないはずである．できるだけたくさんあり，そして明るいものが必要とされる．その観測対象は銀河が適切なようである．遠方の銀河を多数観測することで，宇宙の平坦さを我々は認識し得るのである．そこで本書の前半3分の1では，宇宙の運動の解明へのヒントへとつながる銀河に特に焦点を当てて，最新宇宙像を伝えていくことにしている．

　宇宙項についても簡単にここでも述べておいた方がよいと思う．「宇宙項」は「宇宙定数」と呼ばれることもあるが，斥力のような運動を引き起こす実態と考えられている．もともとはアインシュタインが，宇宙が静的に存在するようにと導入した効果を表すパラメータであった．しかし，斥力と関わるからには，宇宙項の大きさは宇宙の減速や加速に影響を与えることが予想される．さらに，物質が万有引力という力をもち，宇宙の減速に影響を与えることになるのだから，宇宙項，減速係数，および密度パラメータは，宇宙の進化を記述する際にはお互いに関連づいてくる．また，力学的エネルギーが保存することを考えると，宇宙項は曲率係数と密度パラメータとも強く関連づいてくる．よって，宇宙の運動を明らかにするためには，その歴史的出生理由の如何によらず，宇宙項は大変重要な意味を有していることが分かる．逆に，宇宙の運動を観測できさえすれば，宇宙項の有無を調べることができるのである．

　ここで，宇宙の運動を記述するその枠組みをまとめておこう．宇宙の運動はいままでに挙げた5つのパラメータにより特徴づけられる．しかし，宇宙項に関する説明で紹介したように，5つのパラメータ間に2つの関係が存在している．よって，我々が宇宙全体の運動を把握するためには，5つのパラメータのうち3つを決定できさえすればよいのである．またそのためには，できるだけ

2.1 宇宙は膨張している

大きな領域の物質分布の様子を把握する必要がある．我々の近傍を眺めるだけでは，宇宙の全体像を到底見渡すことができない．だからそのためにも，近傍から遠方まで普遍的に存在する銀河の宇宙での分布の様子を明らかにすることが重要なのである．

いま紹介した宇宙論の枠組みは，基本的にはアインシュタインの一般相対性理論に基づいている．宇宙論を語る際には，どうしても避けて通れないテーマであるので，本書でも少しだけ一般相対性理論的宇宙論に触れておくことにする．宇宙の重力場はアインシュタイン方程式と呼ばれる基礎方程式により，基本的には記述される．そのアインシュタイン方程式は一般相対論から導出できる．さて，アインシュタイン方程式を適当に見やすい形で整理すると，先ほど述べた宇宙項の存在が，物質の引力に対し宇宙斥力の形で入り込めることがわかる．ここで何を伝えようとしているかというと，宇宙斥力といっても特別に奇妙な効果ではなく，アインシュタイン方程式，延いては一般相対性理論となんら矛盾するものではない．宇宙項を考えていけないという理由は全くないのである．その存在は，現在の観測により確かなものとなりつつある．

アインシュタイン方程式の基本的性質に関し，宇宙項がゼロで，非相対論的な極限をとって見つめ直してみよう．そうすると，当然と思われるかもしれないが，ニュートンの重力理論と一致することがわかる．つまり，もし宇宙項が0であるならば，宇宙の運動はニュートン力学における質点の運動と大差はないことになるのである．これは，一般相対性理論とかアインシュタイン方程式などといった言葉に驚かされずに，ゆっくりと一歩一歩考えていくならば，宇宙の運動というものはシンプルに把握できることを意味している．今後本書でも，聞きなれない言葉が頻出するかもしれないが，とりあえずは，そのような言い回しをしているのだと思って通読していただければ幸いである．

さて，アインシュタインは当初，宇宙は静止しているものと考えていたようである．そのために，一般相対性理論とは矛盾しないとはいえ，仮想的な斥力を導入し，宇宙の引力とのバランスを達成させ，宇宙を静止させ得る宇宙モデルを提案した．残念ながら，アインシュタインの宇宙モデル（引力と斥力が釣り合った状態）は不安定な状態（小さな擾乱がありさえすれば，結果的に，引力または斥力が勝り続ける）であることが知られている．また，この後すぐ

に紹介するように，宇宙の膨張が実際に発見されている．以上から，理論的にも観測的にも，こういった定常宇宙モデルは現実的ではないことがわかっているのである．

いよいよ，宇宙の膨張の話に入っていこう．まず図2・1にハッブルの観測結果を紹介する．横軸が我々の銀河から観測点の銀河までの距離で，縦軸は各銀河の我々の銀河から遠ざかる速度をとっている．ハッブルの主張によると，遠方の銀河は近傍の銀河より大きな速度で我々の銀河から遠ざかっていることになる．もちろん，この観測は現在ではよりよい精度で確認されており，我々が宇宙を理解しようともくろむならば，必ず採択すべき立脚点となっている．ちなみに，この距離と速度関係の比例係数としてハッブル定数が求まり，現在の宇宙の典型的な膨張率が評価されることになる．現在のハッブル定数の値は約70 km/s/Mpc（1メガは10の6乗；パーセクについては後述）程度と見積もられている．

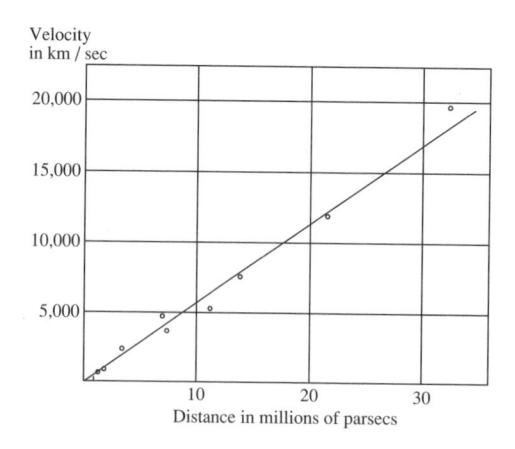

図2・1　ハッブルの宇宙膨張の観測
(ApJ., 74, 43, 1931).
E. Hubble and M. L. Humason

さて，読者皆さんはこの図から宇宙は膨張していると素直に結論づけることができるであろうか？筆者ならば，宇宙は膨張しているとも解釈もできるが，何か未検出の観測的誤差が紛れ込んでいるのではないかと疑いをもったかもし

2.1 宇宙は膨張している

れない.実際,この図中の銀河の個数は,はっきりした結論を述べるには少なすぎるのではないであろうか？では,なぜハッブルは宇宙が膨張していると主張することができたのであろうか？それはハッブルがアインシュタインの一般相対性理論をすでに知っていたからに他ならない.天体観測結果の解釈へ理論的研究の影響の大きさをうかがい知ることができる興味深い例の1つだと思われる.

宇宙の運動を決定する際に,宇宙のパラメータのうちで最重要なものは何であろうか？もちろん,すべて重要なのであるが,我々の生活での運動の記述と照らし合わせて少し考えてみよう.我々が,例えば,自動車の運動を把握するとき,その速さが1つの指標になる.ところで,その速さとは,ある時間の間に動く距離である.ここで,1つの問題が生じる.ある時間間隔とはどのくらいの間なのであろうか？そう,我々が時間を計るためには,必ず何か単位（基準となる目盛り）が必要なのである.同様に,距離を測る物差しもきちんと決定する必要がある.実生活上では,時間の単位としては秒,分,時,日,年などが,生活への密着度からいって至極便利である.距離に関しては,日本ではcmやmなどが思い浮かぶだろう.しかし,果たして,こういった実生活上の時間や空間の尺度は,宇宙の運動といったとてつもない大きく時間のかかる現象を記述するのに便利なのであろうか？答えを待つまでもなく不便そうである.

よって,宇宙の運動を記述するためには,それに相応しい時間的,空間的尺度を与える必要に迫られる.では,どのようにその尺度を選べばよいのであろうか？想像するに,宇宙の膨張の仕方から決まる時間が,その1つの候補として挙げられる.その時間尺度さえ定まってしまえば,大きな距離での情報交換の速さは光速を超えることはないであろうから,ある膨張時間と光の速さから空間尺度が構成され得る.つまり,膨張時間が反映している宇宙のパラメータが,宇宙の運動を理解するためには最重要であると考えられるのである.宇宙の膨張の様子を記すパラメータは何であったであろうか？そう,ハッブル定数である.そこで,この節では,ハッブル定数の決定方法に関し,若干詳しく解説することにしたい.

ハッブル定数の一番素直な測定方は,精度よく銀河の速度と距離を地道に

観測し，その比を評価していくことである．各銀河の速度は，それぞれの銀河が発する様々な輝線を測定することで決められる．輝線とは，様々な原子核内のエネルギー状態が，エネルギー的に大きな状態から小さな状態へ遷移する結果生じる光子である．原子核内部のエネルギー状態が変化する際に，その遷移に相応したエネルギー量だけ変化するところがエッセンスである．ところで，輝線は，それ自身の定義から，それぞれ特徴的な波長または振動数をもつ．よって，ある1つの輝線に着目するならば，その輝線の特徴的な波長や振動数のドップラー偏移を測定することで，我々の銀河からの各銀河の後退速度が決定されることになる．もちろん，着目した輝線の特徴的な波長が長く観測されたならば，その輝線を発している銀河は遠ざかっていることになる．短く観測されたならば近づいてきていることを意味する．振動数の立場からみるならば，遠ざかる場合には振動数は小さく，そして近づいてくる場合には大きく測定されることになる．ハッブルが発見したように，遠方の銀河の輝線は，驚くべきことに，すべてその特徴的な波長が長く観測されたのである．遠方の銀河はすべて，我々の銀河から遠ざかっているのである．

　さて，輝線の概念とドップラー偏移の概念は，それぞれ基礎的な物理過程として確立したものであり，その特徴が観測的に測りやすいために，実に明快に観測結果を解釈することができた．しかし一方，一見我々が慣れ親しんでいる「距離」の測定は，実に困難である．次のようなことがその困難の原因となっている．我々が地上で距離の測定を行う際には，三角測量の手法に頼る場合が多い．まず，2つの測定地点を定め，その2点間の距離が何mであるかを事前に測っておく．次に，その2点からそれぞれ見込む目標地点の角度を測る．そうすると，その目標地の見える方向の差である「角度の差」を決定することができる．あとは，3角形の性質を利用でき，距離を定めようとする目的点が十分遠方にあると仮定できる場合には，ごく簡単な掛け算のみで目的地点までの距離が精度よく定まる（図2・2）．

　ここで，宇宙の話に戻りたいと思う．まず地球上では，適当に測定点2点を決定することができた．この測定点間の距離が大きければ大きいほど，決定すべき位置を見込む角度差が測定しやすい．よって，遠方にある天体までの距離を精度よく決めるためにも，そこまでの角度が精度よく測れるように，2つの

2.1 宇宙は膨張している

測定点間の距離（基線長）をできるだけ大きくとる必要に迫られる．しかし，必要とされる基線長の長さをとるためには，せいぜい，地球の公転半径程度である（このときは，もちろん，天体までの距離を半年かけて測定することになる）．つまり，人類が取り得る基線長には，実質的な限界が存在するのである．このために，遠方の天体（いまの場合は銀河）の距離の決定は困難となってくる．遠方の天体になればなるほど，その距離の決定の際に測定誤差が大きくなってしまうのである．

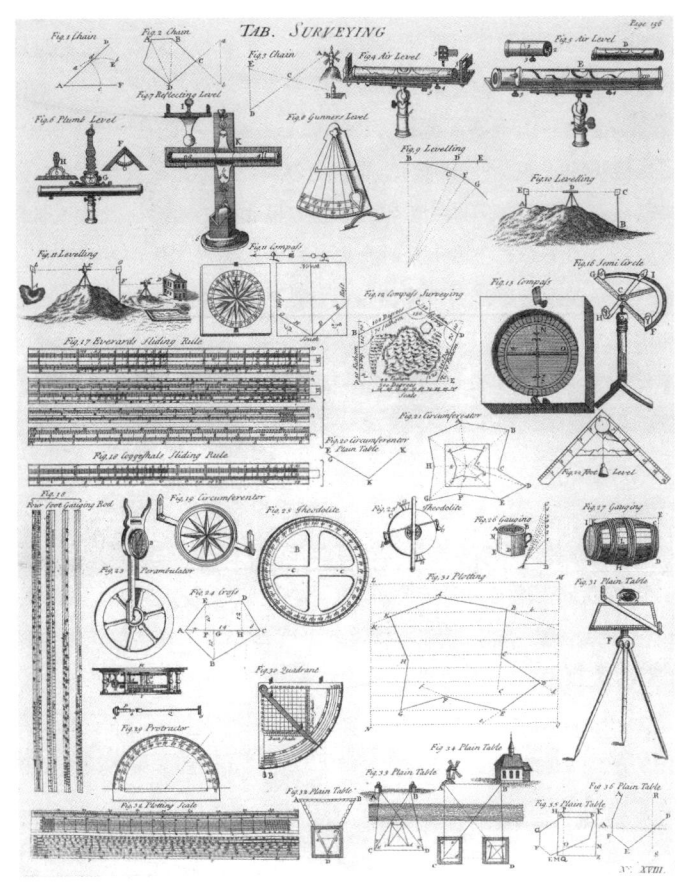

図2・2　様々な測量器具
(出典：the 1728 Cyclopaedia,2)．

CHAPTER2　大宇宙の構造

　ところで，こういった三角測量の手法でも，現在では約300パーセク（1パーセクとは光の速さで移動しても3.26年かかる距離のことである．大まかには，太陽近傍の星々間の平均距離に相当する．）までの距離が測定可能とされている．ここ20年のうちには，1000〜10000パーセク程度までは，三角測量を基本とした処方で，天体までの距離が精度よく決められていくことが期待されている．宇宙の測量もどんどんと進化しているのである．

　では，三角測量ではその測定精度が極端に落ちてしまうほど遠方の天体までの距離は，どのようにして決められているのであろうか？まず，一言で述べるなら，各天体の絶対光度が分かればよいということになる．絶対光度がわかると，各天体の見かけの光度と絶対光度との差から，つまり，各天体の「暗くなるなり方」から，その天体までの距離を決定することができるのである．これも実は直感的である．単純に，同じ明るさのもの（絶対光度がわかっていることに相当する）でも，近くにある場合には明るく，遠方にある場合は暗く見えるといった事実を利用するだけなのである．ある光源からの光は，その光が光源より外へ向かう際に，単位面積あたりの明るさが小さくなる．この光の性質を利用し，測定したい天体の「暗さ」を測ることで，その天体までの距離を決定するのである．これは，各天体の固有の明るさ（絶対光度）を決定することができさえすれば，その天体までの距離決定が適うという，非常に強力な天文学的手法となっている．

　ハッブル定数の決定の際には，各銀河の距離の決定が不可欠となる．しかも，ほとんどの銀河の距離は1メガパーセクを優に超えている．よって，三角測量により距離を直接的に決定することは不可能と思われる．また，銀河は非常に複雑な天体なので，その絶対等級を見た目で評価することは困難である（銀河の性質について解説する3.1節で，銀河の絶対等級の評価については解説）．つまり，いま述べたような「見た目の明るさ」を利用した処方以外の手法で，遠方銀河までの距離を決定できるならば，非常に有効であることになる．そこで，歴史的かつ天文学的に重要であるとの理由から，この距離決定に重要な役割を果たす，ある種の変光星を紹介する．その変光星はセファイド型変光星として知られる一連の変光星群である．少し注意を喚起しておくが，セファイド型星といっても，それなりに個性をもっている．もし各セファイド

2.1 宇宙は膨張している

型変光星の個性が銀河までの距離決定に重要となるならば，もちろん，我々はその個性を補正したうえで銀河までの距離を推定していくことが必要とされる．ただ，その個性は極端には変わらないものと思われている．

さて出し惜しみをしたが，セファイド型変光星を利用して，銀河までの距離を決定する際に重要となる性質を一言で紹介しておく．それは，セファイド型変光星の「変光周期とその絶対等級との間の強い相関関係」である．つまり，各銀河のセファイド型変光星の変光周期を測定しさえすれば，そのセファイド型変光星の絶対

図2・3 望遠鏡を覗くハッブル博士．
セファイド型変光星を利用して
銀河が天の川銀河系外の天体であることを
論じた代表的研究者でもある．

光度がわかり，銀河までの距離が決定されるのである．ハッブル（図2・3）が自らの名前がつけられたハッブルの法則を発見した際にも，実は，このセファイド型変光星を遠方銀河で見つけることができたことによっている．同様な性質をもつ変光星としてRRライラ型として知られる変光星も存在していることを付記しておく．

ほんの少しだけ括弧づけで触れたが，銀河自身もある種の絶対光度をもち，それが測定可能であることが知られている．銀河の方が，変光星のただ1つの明るさよりも明るいのは明らかである．変光星を利用して決めるハッブル定数は，なんだかんだ言っても，我々の銀河近傍での局所的な値とならざるをえない．宇宙全体を代表する値かどうかはよくわからないのである．よって，できるだけ遠くの銀河を用いて，ハッブル定数を決めることは，大変面白いことであろうと想像される．こういった場合に，銀河自身の絶対光度がわかる手がかりがあれば，それはかなり重宝されることになる．そのような興味深い銀河の性質に関しても，本書では紹介していく．

ハッブル定数のことを解説しているのであるが，ほとんどが天体までの距離

決定のお話となっていることに気がついていただけたと思う．逆に述べるなら，天体までの距離を決定することは，ハッブル定数を決定するうえで，そこまでも基本的なことなのである．そして，遠方の天体の距離を測るには，明るくて絶対等級のわかる天体が非常に便利であることが，わかってもらえたと思う．そういった天体または現象が世の中に，いま紹介した天体以外にはないのであろうか？　もちろんある．それは，超新星という激しい爆発現象である．超新星にも様々な種類があることを後に紹介するが，ここでは Ia 型という白色矮星へガスが降り積もることにより，白色矮星が自重に耐え切れず爆発するタイプに話を限ることにする．このタイプの超新星は，その爆発の後，もちろん徐々に暗くなっていく．ただし，その暗くなるなり方が超新星の絶対等級と関連があることで，その超新星まで，つまり，その超新星が起こった銀河までの距離を推定できるのである．残念ながら，この関係には不定性が多いと考えられている．ある程度大きな誤差を残したままでしか，銀河までの距離が決定できないことになる．それでも，多数の銀河の超新星を観測し，距離を推定していくことで，ある程度厳しい制限を様々な宇宙のパラメータにつけていくことは可能なのである．超新星などの非常に明るい天体を利用して，過去（遠方）の宇宙を探る試みは，現在も活発に続けられている．

2.2 暗黒物質

　現代の我々は，宇宙というものをほとんどの光のエネルギー帯で観測できるようになってきている．この意味で，今世紀には宇宙の理解というものは格段に進んでいくであろうと期待できる．大雑把にぼんやりとしか理解していなかった宇宙の諸事象を，これはこれであるとはっきりと述べることができるようになってきているのである．宇宙の事象は手にとってみることができないからといって，もはや適当でいい加減なことを無責任に主張できる時代ではなくなってきた．とにかく，光のエネルギーの小さな方より，電波域，赤外域，可視域，紫外域，X 線域，ガンマ線域と，すべての波長帯での宇宙の観測が進みつつあるのである．

　ところが，すでにここまでで何度か強調してきたが，宇宙には我々の目に直接映らない見えない何かが存在することが確実なのである（哲学的には，見え

2.2 暗黒物質

るものがすべてであると考えなければ理由はないのではあるが）．それは暗黒物質（ダークマター）と呼ばれている．なぜ暗黒物質と呼ばれるかというと，それは伝統的な可視光，そして，赤外，電波，X線などなど，どの波長帯で観測してもその正体を直に見ることができないからである．自らどのような光も発しない物質であることから命名されている．直接光らない物質を，ではどのようにして我々はその存在を知るようになったのであろうか？ この疑問に，本節では答えていきたいと思う．

我々の銀河は円盤状の銀河であると考えられている．実際，我々の銀河は円盤状であることを，我々は天の川を夜空に眺めることで理解している．万が一我々の銀河が真ん丸であったとしたならば，我々は決して天の川を見つけることはできなかったであろう．それどころか，夜空に微妙にひしゃげた光芒の分布を見ることになっていたことと想像する（楕円銀河の中心からずれたところに位置したと思い，そこから楕円銀河を内側から眺めることを想像してみよう）．ところで，円盤状の銀河は我々の銀河以外にも無数に存在している．その詳しい解説は次章に譲ることにするが，ここで各円盤銀河に共通の個性である回転について紹介していきたい．

円盤銀河が円盤軸の周りに回転していることは，その形状からも直感的に推測できる．実際，例えば円盤が回転していなかったならば，円盤を構成している星々は銀河の中心方向目掛けて落ち込んでしまい，安定に存在できない．いったん，中心に星々が落ち込んだその後には，星々がお互いに重力相互作用し合い，星々が散り散りに飛び散っていくために，丸い銀河になってしまうだろうとさえ期待される．円盤銀河が円盤状に見えるのは，ひとえに，銀河円盤が回転しているおかげなのである．

さて，その回転の原因は何なのであろうか？ もちろん，一言で述べてしまうならば，重力がその回転の直接的な原因である．惑星が太陽の周りを公転するように，回転の速さと重力の大きさの間には強い相関が存在しているのである．これはニュートンの運動理論より直感的に得られる結論でもある．当たり前のことを述べていると思う読者もいるかもしれないが，回転と重力つまり物質の量が関係していることが最も重要なポイントなのである．回転の大きさを観測的に測ることができたならば，その回転を引き起こさせている物質の量

CHAPTER2 大宇宙の構造

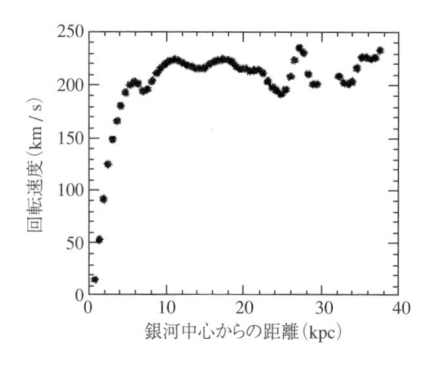

図2・4 UGC9242銀河の回転曲線．
（Vogt,N博士論文より）

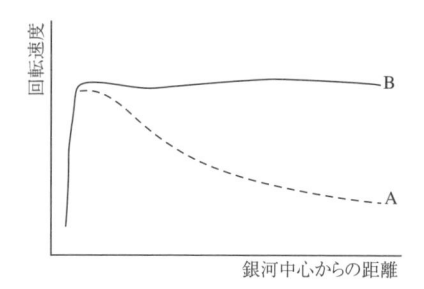

図2・5 予想（A）と観測（B）の差
(the GNU Free Documentation License,Version 1.2)．

も分かることになるのである．

　さて，我々の知っている星や星間物質だけが重力源であると考えてみよう．もしそうならば，銀河の回転はその量に応じた回転速度をもつことになるはずである．では実際に銀河の回転の度合いを考えてみよう．図2・4に代表的な横向き銀河の回転曲線を示す．縦軸が回転の速さであり，横軸は銀河の中心からの距離である．もし，銀河の回転が我々の知る物質にだけに起源をもつならば，それは，銀河の中心からの距離が大きくなると，回転速度が小さくなるべきであることが，銀河の星と星間物質の分布から予言される（図2・5）．しかし，観測結果は決して回転の大きさが銀河の半径とともに小さくならないことを示しているのである．この測定は，銀河の周りに存在するガスに特有な輝線のドップラー偏移により求めたものなので，非常に確からしい信頼性の高い観測結果を与えている．

　以上より，銀河の回転は，我々が直接検出している恒星や星間物質だけでは説明できないことが分かる．その重力を生み出している，見過ごされている質量が存在しているのである．それを我々は暗黒物質と呼んでいるのでいるのである．強調するが，この暗黒物質の存在は，ニュートン力学が正しいかぎり必要なのである．

　その他にも暗黒物質が存在するという観測的な証拠はないのであろうか？先ほどは，銀河サイズの空間スケールの話を紹介した．これは，暗黒物質とは，たまたま銀河に付随している何かであるかもしれないことを否定しない．

2.2 暗黒物質

そもそも，見えない恒星や星間物質がいっぱい存在しているだけなのかもしれない．そこで，もっと大きなスケールでも暗黒物質が存在するかどうかが大変気になってくる．そこで，銀河よりももっと大きな空間スケールの構造である銀河団に暗黒物質があるかどうかを考えてみることにしよう．

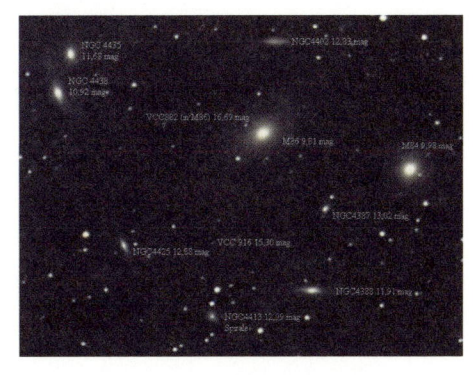

図2・6 おとめ座銀河団のイメージ（Homepage of Bernd Gärken）．

銀河団とは100個以上もの銀河を包含する宇宙の構造の単位である（図2・6）．もちろん，100個以下の銀河集団も存在するが，それらは銀河群と呼ばれている．両者の分類には明確さを欠く部分があり，どこからがどちらであるかをはっきりと区別する必要はないかもしれない．銀河団の構造の大きさは数メガパーセクであり，銀河の大きさ（10キロパーセクのオーダー）に比べて十分に大きな存在である．銀河団の構成要素はもちろん銀河であるが，その他にも，高温ガスとして知られる銀河間ガスが存在している（図2・7）．その発見は，X線天文学からの寄与が多大である．実際に，その高温ガスの温度の情報から，銀河団内部にも暗黒物質が存在すべきことを確認できるのである．

銀河団内の銀河間ガスの運動は，銀河団の重力の大きさを反映するはずある．よって，銀河団内ガスの運動が反映する温度がわかれば，銀河団の重力の大きさを評価することができる．銀河団内物質の運動状態は，銀河団に含まれる銀河の数だけを考えても，相当激しいものであると期待される．よって，その存在を確認するためには，X線域での観測が適当であ

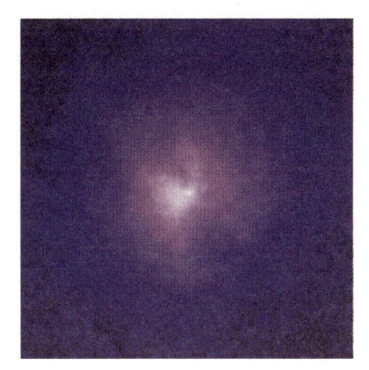

図2・7 チャンドラ衛星による銀河団のX線イメージ（チャンドラのウェブページ NASA/cxc/sao）．

31

ろうと期待される．そこで，実際にX線観測衛星により，X線が放射されている領域と銀河団を構成する銀河の空間分布が非常によく一致することが確かめられたのである．銀河団内物質はX線という大きなエネルギーをもつ光を放射していたのである．その放射のエネルギーは銀河団の重力，つまり総質量を反映している．X線観測から期待される銀河団内物質の温度から銀河団の総質量を評価してみると，銀河の質量の総和は期待される銀河団の総質量の10％にしか満たないことがわかった．つまり，銀河団の質量のほとんどは暗黒物質が担っているものと考えられるのである．まとめると，銀河のような小さなスケールでも銀河団のような大きなスケールでも，暗黒物質は存在しているのである．これは，我々の宇宙における暗黒物質の普遍性を意味するものであろうと期待させる．さらに，銀河団の質量のほとんどが暗黒物質であるというのならば，暗黒物質が，銀河，銀河団，宇宙の大規模構造の形成に決定的な役割を果たすことになるであろうことも予想させる．

このように，暗黒物質は，宇宙の至るところに偏在化しているようである．その存在は，直接目には見えないため，重力相互作用を介してのみ認識することができた．こういった意味で常に気持ち悪いものであるが，その偏在性より，宇宙の構造形成を考える場合には無視できない存在と考えられている．なぜならば，宇宙の構造は主に重力が働く結果生まれるからである．また，我々の存在にとっても暗黒物質はかけがえのない働きをしている．その例を1つみてみることにしよう．

我々が我々の銀河に存在することができる理由を考えてみる．我々の銀河に我々が存在するためには，宇宙全体が進化している間でも，我々の銀河が安定に存在することが最低限要請される．さて，我々の銀河は円盤銀河であることは先ほど述べた．実は円盤状銀河は，その円盤を取り囲むように物質が分布していないと，速やかにその構造が乱れ，円盤状構造を維持できなくなってしまうのである．円盤はばらばらになり，円盤を構成していた恒星や星間物質は散り散りに飛散してしまうであろう．特に，星間物質の飛散は我々の存在にとって大問題となる．なぜならば，星間物質は我々の地球の素となる星間塵を含んでいるからである．この星間塵がきちんと集積してくれなければ，地球は存在できないことになってしまう．

2.2 暗黒物質

　この銀河円盤の分解を防ぐためには，円盤銀河の周りに相当量の物質が存在していればよいことが知られている．観測的にそのような物質を我々は見つけているのであろうか？もし，相当量の物質が恒星であるならば，いま見えている以上の星が存在しなければならない．星間物質についても，恒星の場合と事情は変わらない．もう想像の通りと思うが，暗黒物質こそが円盤を安定化させる最有力候補なのである．実際に銀河の回転曲線の観測から，暗黒物質が直接見えないものであろうとも，その存在は確認されている．暗黒物質はその素性の怪しさ以上に，宇宙の構造の起源や我々の銀河の安定化に大いに役立っているものなのである．

　では，この暗黒物質の正体は何であると考えられているのであろうか？繰り返し強調するが，この暗黒物質は，可視光，赤外線，X線などの光では観測できないが重力からその存在が予測されている物質である．一般の物質は陽子や中性子などのバリオンと呼ばれる物質から構成されている．光を発しないことから，この暗黒物質は単純なバリオンでない可能性が大きいのである．実際の候補としては，質量をもったニュートリノ，超対称性粒子，クォーク塊，アクシオンなどが考えられているが，理論的にも実験的にも，完全決着からは遠い状況にあるのではないかと思われる．

　最近，暗黒物質候補として，最も脚光を浴びているのはニュートラリーノと呼ばれる粒子である．ニュートラリーノとは，超対称性理論という素粒子物理学の一大理論によって，存在が予言されているものである．逆に，このニュートラリーノの存在が天文学的にでも確実になれば，超対称性理論の証拠が得られることになる．ちなみに，予測されるニュートラリーノの重さは，陽子の質量の30〜5000倍と言われている．意外と予測されている質量に幅があることも判っていただけると思う．

　超対称性理論の理解は困難を極めるとしても，天文学的役割はだいたい把握することができる．また，その雰囲気だけでも伝えたいと思う．この理論はすべてのフェルミ粒子にはボース粒子の超対称パートナーが，またすべてのボース粒子にはフェルミ粒子の超対称パートナーが存在するはずであるとしている．ニュートラリーノとは，チャージーノ，グルイーノ，フォティーノ，グラビティーノなどとともにフェルミ粒子のスパーティクルとされている．もしこ

の超対称性が自然界で成立しているならば，素粒子の標準理論数における各素粒子に対応する超対称粒子の存在によって，全体の粒子種が倍加することになる．ただ残念ながら，現在のところ，超対称粒子は1つも実験的に検出されていないのが現状である．

こういった超対称粒子をなんとか捕獲できないものであろうか？暗黒物質の直接検出も念頭におき，また暗黒物質の有力な候補粒子であることから，ニュートラリーノを直接検出する計画が進められている．日本では，ニュートリノ検出でノーベル賞をもたらした神岡鉱山内の地下実験室（図2・8）でXMASSプロジェクトとして，ニュートラリーノ検出に向けた新たな観測も行われている．現在までの観測ではまだニュートラリーノは発見されていないが，その検出へ向けて，日本は世界の先頭を切っているのである．

図2・8 2005～2006年に再建された代表的な実験施設であるスーパーカミオカンデ．
写真提供：東京大学宇宙線研究所 神岡宇宙素粒子研究施設

2.3 暗黒エネルギー

前の節では，直接光は発しないが，重力相互作用でその存在が認識できる，暗黒物質について紹介した．ところが宇宙は，暗黒物質だけではなく，さらに未知のエネルギーで満たされているのである．このことは，最近のWMAPによる宇宙背景放射の揺らぎの詳細な研究からも裏付けられている．この，直接光で検出できないエネルギーを暗黒エネルギーと名付けることとする．残念な

2.3 暗黒エネルギー

がら，この暗黒エネルギーの詳細は，いまのところよく分かっていない．しかし，大変気になる実在であるので，現状での理解を簡単に紹介していきたいと思う．

引き続き，宇宙論の枠組みのなかで，話を進めることにする．暗黒エネルギーとは宇宙にくまなく存在する仮想的なエネルギーの形態で，「負の圧力」というキーワードで語られることがある．相対性理論の立場に立つと，負の圧力とは，宇宙論的な空間スケールで重力に抗う斥力のような力を及ぼすもととなる．大胆に述べると，宇宙を加速膨張させる効果と思ってもらってよい．通常の物質や暗黒物質を特徴づけている力は重力であり，これは引力として宇宙の膨張を減速させる効果となっている．

暗黒エネルギーの存在形態としては，次の2つが想定されている．1つはすでに紹介しており，アインシュタインが提案したことで有名な宇宙項である．宇宙項が暗黒エネルギーの対応物であると，それは空間的に一定のエネルギー密度をもち，宇宙のいずこにも存在することになる．特に真空のエネルギーと呼ばれることが多い．もう1つは，クインテッセンス（ギリシア語で第五元素という意味）と呼ばれている物質形態で，その宇宙におけるエネルギー密度は時空の進化に応じて変化し得る．この2つのモデルの差異を見出すためには，非常な高精度をもってして，宇宙の膨張則がどのように時間とともに変遷していくのか，その様子を観測的にとらえる必要がある．クインテッセンスモデルに立脚すると，宇宙の膨張の割合は，宇宙論的な状態方程式として定式化することが可能とされる．この状態方程式では，通常の気体の状態方程式では正の圧力を取り扱うのに際し，その正の圧力の変わりに，負の圧力を用いた形式をとなる．実際，この暗黒エネルギーの状態方程式をなんとか決定しようという試みが行われている．

こういった内容を以下で少しずつ詳しくみていくことになるが，その前に，少し歴史的なコメントを残したいと思う．実は，1970年代に，グース博士や日本の佐藤勝彦博士はすでに，負の圧力が宇宙の進化に重要な役割を果たすことに気が付いていた．彼らは，その効果を利用し，ごく初期の宇宙の進化を記述しようとしたのである．つまり，「負の圧力」的な着想は，現状では特別な着想ではなかったのである．むしろ重要であったことは，繰り返し述べられ

ることになるが,宇宙の加速膨張が現在起こっている,その可能性が大きいという認識が得られた点に集約されることとなる.負の圧力の存在を実証的科学として論じることができる時代に,我々は幸いにも生まれたのである.宇宙の一生を知りたいと思う科学者にとっては,いてもたってもいられない状況になってきた.

　もうすでに想像を絶する世界が紹介されつつある感じがするが,ここで逃げることは避けたいと思う.敢えて,この暗黒エネルギーが実際に存在する,その可能性をもう少し考えてみることにしよう.1990年代,Ia型超新星の観測より,現在の宇宙の膨張は加速していることが指摘された.この事実は,他の様々な観測からも支持されているように見受けられる.例えば,宇宙背景放射揺らぎ,重力レンズ,ビッグバン元素合成,宇宙の大規模構造の観測結果は,宇宙が加速膨張していることと無矛盾なのである(図2・10).もちろん,最近の超新星爆発を利用した,宇宙の膨張則の測定からも,支持され続けている.これらの観測結果は,宇宙項をもつ大宇宙の進化を意味するものと考えられる.

　もう少し詳しく説明してみる.Ia型超新星は,宇宙の膨張を測定するための標準光源として利用されている(図2・11).標準光源とは,明るさが大体同じ天体,または,天文学的現象を採用し,遠くにあれば暗く見え,近くにあれば明るく見えるという性質をよりよく利用できる光源である.Ia型超新星を利用するのは,すでに紹介済みではあるが,それが非常に明るく,爆発の前段階である白色矮星の質量にばらつきが少ない(爆発時の明るさのばらつきが少ない)からである.このIa型超新星を,系外銀河に探索し,そこまでの距離を決定する.また,Ia型超新星のスペクトルか,母銀河のスペクトルなどから,ドップラー偏移を検出し,我々から遠ざかる速度を評価する.この2つの量

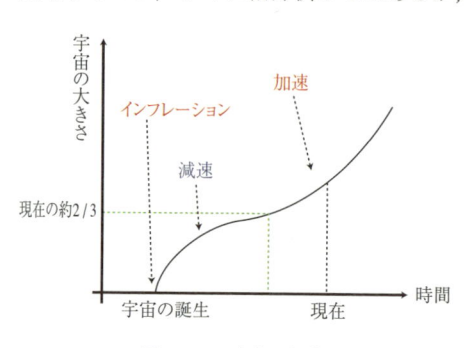

図2・10　宇宙の加速膨張.
高エネルギー加速器研究機構
http://www.kek.jp/newskek/2005/julaug/darkenergy.html

2.3 暗黒エネルギー

図2・11 超新星の明るさ変化の様子．東京大学宇宙線研究所,安田直樹氏提供．
http://www.kek.jp/newskek/2005/julaug/darkenergy.html

から，宇宙の膨張の様子をうかがい知ることができるのである．その観測結果によると，もし宇宙が物質優勢な世界であるならば宇宙の膨張は減速すると考えられるのであるが，実は加速膨張していることが分かったのである（図2・12）．物質のみを考えるならば，宇宙が加速膨張する理由は完全な未知ということになってしまう．そこで，再登場したのが，宇宙項もその1つのモデルとして含有する負の圧力をもつエネルギー仮説なのである．

では，暗黒エネルギーの量はどのくらいなのであろうか？ビッグバン宇宙論は宇宙初期に軽元素合成を行う．これが，我々が光によって把握できる物質の起源である．その他，その正体は不明なものの，暗黒物質が，その重力の存在から知られている．これらの物質はエネルギー換算で，宇宙が平坦であるために必要な分

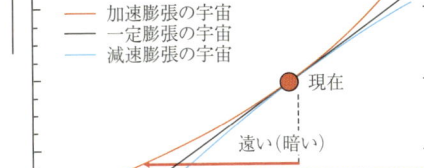

図2・12 Ia型超新星を用いて探る，宇宙の加速膨張．
高エネルギー加速器研究機構
http://www.kek.jp/newskek/2005/julaug/darkenergy.html

37

CHAPTER2 大宇宙の構造

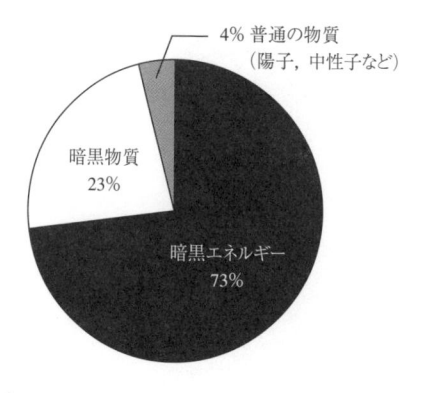

図2・13 宇宙のエネルギーの存在割合.

の23％ほどを占めていることが知られている．一方，WMAPなどの観測から，我々の宇宙はほぼ平坦であることが分かった．よって，27％は何らかの物質だが，残りの73％は物質として説明することができないものである．正体が分からない，という意味でも，暗黒エネルギーは存在しているということができる．この事情は，その存在は確実な暗黒物質の場合と同じである（図2・13）．

　暗黒エネルギーはどのような性質を期待されているのであろうか？少なくとも，次のような性質は要請されることと思う．非常に一様に分布していて，かつ重力より強く物質と相互作用してはいけないという性質である．前者は，そのエネルギー密度が非常に小さいことを示唆させ，我々が直接検出することの困難さを強く意味している．ただ，宇宙空間のあらゆるところに存在することで，宇宙全体の進化に，その性質が目立って応答するのである．この暗黒エネルギーのモデル，その代表的なもの2つについて，もう少し改めて紹介することにする．

　最もシンプルなモデルは宇宙項モデルである．特徴は，宇宙全体にわたり一定のエネルギー密度として普遍的に存在するところにある．また，このエネルギーは真空のエネルギーと呼ばれることがあることは紹介した．実際，素粒子理論は真空のエネルギーの存在を予言している．そして，観測的宇宙論研究者の精力的な努力により，暗黒エネルギーとして宇宙項モデルを採用することは，いまのところ特に困難がないことが分かっている．

　宇宙項は，期待されるエネルギー密度の大きさに応じた負の圧力として表現することができる．「負」という言葉を使うのは，宇宙を膨張させる効果をもっているからである．宇宙項が負の圧力として表現できることは，次のように理解できる．ある体積の変化を考えてみよう．体積が変化する場合には，外部に仕事をするか，仕事を受けることになる．このときのエネルギー変化量

2.3 暗黒エネルギー

は，マイナス符号つきで圧力と変化分の体積の積と表現される．ところが，直感と異なり，宇宙項が働くと，体積が増えたときにその内部のエネルギーが増加することになる．このエネルギーの増分は，宇宙項のエネルギー密度と変化分の体積の積で表される．この両者は等しくあるべきなので，形式上，圧力は負と表されることになるのである．

もう一方はクインテッセンスモデルであった．これは，宇宙項モデルのように真空という場でものを考えるのではなく，暗黒エネルギーはある物質的な実体であるとする立場のモデルである．宇宙項モデルとの差異は，時間や空間に対して一様である必要がないところにある．ただし，宇宙の構造形成のように強く積集しないことを要請することになっている．このため，その対応物としては，非常に軽いものであることが最低限，要求されることになる．

問題なのは，このクインテッセンスの存在を示す直接的証拠がないことにつきる．暗黒エネルギーを説明するための，宇宙項ではない，別解という立場にあるのかもしれない．しかし，別解といっても，現状ではその存在を全く否定できない．否定できないかぎり，その存在の可能性は探求されるべきである．しかも，宇宙項モデルとの差を検出できるとの予測も行われていることから，余計に無視することができない存在なのである．ある予測によると，クインテッセンスによる宇宙の加速膨張の方が，宇宙項の場合のそれより，緩やかになるという．現在，さらに，宇宙の膨張則の観測的研究が必要とされてきているのである．

暗黒エネルギーの正体に関する，その他の候補はないのであろうか？ ある研究者は，暗黒エネルギーとか宇宙の加速膨張は，相対性理論の単純な適応を超えた現象であると考えている．しかし，相対論を変更したモデルは他の観測結果とどうしても矛盾してしまう．重力の理論を変更する方策は，暗黒エネルギー問題を解決するためには得策ではないであろう．また，真空の位相欠陥の効果を考えたり，多次元宇宙の効果を考えたり，などなど，アイデアは尽きないようである．しかし，実証性という科学の基本に立ち返るならば，これらその他のモデルは物語の域を出ていないように思われる．宇宙項やクインテッセンスモデルより魅力的とは言い難いかもしれない．

暗黒エネルギーがそのエネルギーのほとんどである宇宙はどのような運命を

たどるのであろうか？観測的宇宙論の研究者は，現在の宇宙は加速膨張していると主張している．加速膨張する前は，物質，すなわち，暗黒物質と通常のバリオン物質による重力で減速していた時代がある．このことは，暗黒物質の宇宙における密度が，宇宙が膨張するにつれて，暗黒エネルギーの密度より速やかに小さくなっていったことを意味する．つまり，現在は，暗黒エネルギー優勢の時代となっていると考えられるのである．特に，宇宙項モデルの場合は簡単にこの事情を理解できる．宇宙項モデルでは，暗黒エネルギーの密度は変わらない一方，暗黒物質の密度はどうしても，宇宙膨張につれて小さくなっていかなければならないからである．

ここで，もし宇宙の加速膨張が永遠に続いたらどうなるのか？について考えてみたい．銀河同士の運動に着目してみよう．宇宙が膨張すると，そもそもお互いに重力的に束縛しあっていない銀河ペアは，どんどんお互いの距離が離れていくことになる．そして，光でも情報のやり取りができないくらいに，非常に遠く，お互いに飛び去ってしまう．これは，時空が平坦でないことからの帰結でもある．自分たちの近所以外，何も見えなくなってしまうということに対応する．では，果たして，このような終末期を宇宙は本当に迎えるのであろうか？宇宙項モデルが正しいとするならば，結論は変わらないと思われる．ただし暗黒エネルギーの正体が，クインテッセンスなど，もう少し時間進化するような実体であるとするならば，もう少し個性豊かな宇宙の終末が待っているかもしれない．

2.4　宇宙の大規模構造

この章の最初の節で紹介した宇宙論の枠組みは，宇宙が一様（何処へ行っても同じ）で等方（どちらを向いても同じ）という性質をもっていることを仮定していた．実際の宇宙では，本当に一様で等方的な仮定が許されるのであろうか？もし宇宙が本当に一様で等方的ならば，個々の銀河が粒状に見えることを許したとしても（局所的な非一様性を許したとしても），銀河の分布は場所にも方向にもよらず均一なはずである．それを確かめるのはごく単純な作業であろう．銀河の分布図を実際に作成してみて，それを眺めてみればよいだけなのである．ここではそれを宇宙の地図と呼ぶことにしたい．

2.4 宇宙の大規模構造

一口に宇宙の地図作りといっても，それは困難な作業である．宇宙はとてつもなく広大な存在であるために，すべての方向の，すべての位置にある銀河を1つずつ拾っていくことは，それだけで気の遠くなる作業であった．そこで，取り得る手法は2つに分かれる．1つは，ある方向だけを選択し，その方向の銀河の距離を測定し，そのある方向での銀河の分布を明らかにしていく手法である．これは，極力，暗く見える銀河を数え上げていこうとする姿勢の表れでもある．もう1つは，距離はさほど稼がなくてもよいので，できるだけ広い領域での銀河の分布，つまり，明るめに観測される銀河を拾い上げていく手法である．暗い銀河の位置と方向の情報は失われてしまう一方，その分，空間視野を広く眺めることのできる宇宙の地図が描けるのである．もちろん現在では，より広域でより遠くの銀河の分布が明らかにされつつある．ここでは，考え方のエッセンスを押さえるために，敢えて2つの極端な場合に分けて説明を行ってみたい．

テレビでのコマーシャル（といってもかなり昔だが）の影響か，宇宙の地図作りではゲラー博士とハクラ博士が有名である．2人の貢献も多大なものと思うが，現代的な宇宙の地図を最初に作成したのは，カーシュナー博士と考えてよいだろう．カーシュナー博士は奥行きで100メガパーセクにも及ぶ宇宙の地図を作成し，牛飼い座のボイドと呼ばれる銀河が極端に少ない領域を発見しているのである．博士の宇宙の地図作成法は，先の前者の非常に狭い領域を奥深くまで銀河の分布を調べるという手法あった．さすがにある1方向の銀河分布の測定だけから，この牛飼い座ボイドの存在を主張するには勇気がいることである．博士は，極端に狭いとはいえ，ある程度離れ，ある程度は近い合計3領域の銀河の奥行き分布を調べ，そのどちらの方向でもこのボイドが存在することを明らかにしたのである．少なくても，ある天球の領域では，その奥行き方向で銀河が「非一様」に分布していることが判ったのである．

カーシュナー博士の尽力により，牛飼い座方向に「ボイド」と名付けられた銀河の非常に少ない領域が，宇宙に存在することがわかった．しかし，そのボイドはたまたま牛飼い座方向にあるだけで，宇宙で特別稀な構造であるかもしれない．やはりある限定された方向だけではなく，様々な方向の銀河の分布が知りたくなってくる．そこで，カーシュナー博士の宇宙の地図よりずっと広範な角度で

CHAPTER2　大宇宙の構造

の銀河分布を調べたのがゲラー博士とハクラ博士のグループなのである．

　まずそのグループの結果から見てみたい（図2・16）．この図では，扇の要の位置に我々の銀河が位置している．これは，我々の銀河の周りにある多数の銀河の分布が描かれたことに相当する．もちろん，完全な宇宙の3次元地図を描くのは非常に大変な作業なので，ここでは，ある平面上の銀河の分布が示されている．カーシュナー博士のある一方向だけの銀河分布，つまり1次元地図よりは，空間方向の広がりが2次元となっている分，宇宙の実際の地図に近いものとなっていると判断できる．この図の黒い点々が銀河の位置に相当している．見てすぐ判断できるように，銀河はフィラメント状に分布していることが分かる．逆に述べるなら，ボイドのように，銀河が極めて少ない領域が存在するとも言える．このことから，「ボイド」と呼ばれる領域は，宇宙を1次元的に見た場合の特殊な構造ではなく，普遍的に存在するものなのであることがうかがわれる．

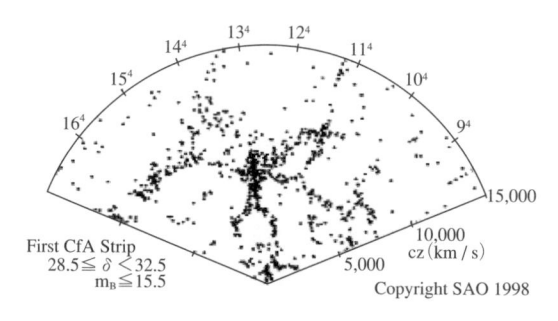

図2・16　宇宙の銀河地図
(the Smithsonian Astrophysical Observatory).

　これら宇宙の地図作りのエッセンスは，1980年代に入ってより明らかにされてきた．結論として，宇宙は，ある適当な空間スケールで眺めるならば決して一様でも等方でもないことが確立したのである．もちろん，現代では，この宇宙の地図はより遠方まで，様々な方向に拡張しつつある（図2・17）．今世紀には，銀河の宇宙での分布という非常に強い観測的事実は，宇宙の構造を理解するうえで，最も拘束条件に厳しい観測事実として確立されていくことになると信じて疑わない．

2.4 宇宙の大規模構造

図2・17　地球から20億光年以内を観測して
描いた非常に大きな宇宙地図．
http://skyserver.sdss.org/edr/jp/astro/structures/structures.asp
Sloan Digital Sky Survey/SkyServer

　現在宇宙は決して一様な存在ではなく非一様であることが判った．しかし果たして，その非一様さから，我々は一体どのような情報を引き出せるのであろうか？　この問いに答えるためには，まずその非一様さを定量的に表現する必要に迫られる．

　具体的には，非一様さとは銀河の非一様分布に対応するので，銀河の分布の様子を定量化していくことになる．では，銀河の分布はどのように定量化すべきなのであろうか？　非一様な分布を非一様と見なすには，一様な分布との差異が明確に表現できる必要があるものと想像される．この立場にたつと，銀河の非一様な分布の，仮想的な一様分布からのずれを定量化できればよいと判断される．その定量化は，概ね，次のように行う．まず，ある選択された銀河ペア間の距離を測る．そして，標本として方向と位置が定まった，できるだけ多くの銀河間の組み合わせを採集するのである．

　この銀河間距離の組み合わせサンプルの中に法則性を見出だすことが目標となる．その法則性は2点相関関数として記述されることになる．2点相関関数の詳しい定量的表現は専門書に譲ることにする．しかし，そのエッセンスは簡単である．銀河間の分布が一様であるならば，銀河間距離のペアのサンプルには何ら特徴的な傾向は見当たらないはずである．つまり，ある意味でゼロと

43

いう評価が得られることになる．逆に，もし銀河間距離に何らかの特徴が見出されるならば，その特徴の強さが表現されることになる．これを銀河間の分布に相関があると表現するのである．そして，実際にそういった銀河間ペアの相互距離には，相関が見出されたのである．ちなみに，日本の東辻浩夫博士と木原太郎博士が世界に先駆けてこの銀河間距離の相関の存在を明らかにしたことを強調しておきたい．

残念ながら，銀河間距離の相関の強さは，決して銀河の空間分布のすべてを語っているわけではない．簡単に考えても，空間は3次元であるので，単に距離だけを取り扱っていても，必ず情報の欠落が存在している．しかしながら，銀河間の距離には無視し得ない重要な相関が存在することが明らかになったのであった．それは，宇宙の正しい進化，言うなれば宇宙論および宇宙の構造形成理論が満たさなければならない，非常に強い拘束条件が得られたのである．この意味で，東辻博士と木原博士の研究は宇宙の大規模構造を把握するうえで，類稀な研究成果と断言することができる．

宇宙全体の進化を明らかにするためには，宇宙のパラメータ5つのうちで最低限3つを決めていかなければならないことは紹介した．ハッブル定数は銀河の速度と位置を決定していくことで評価されたが，その他のパラメータはどの

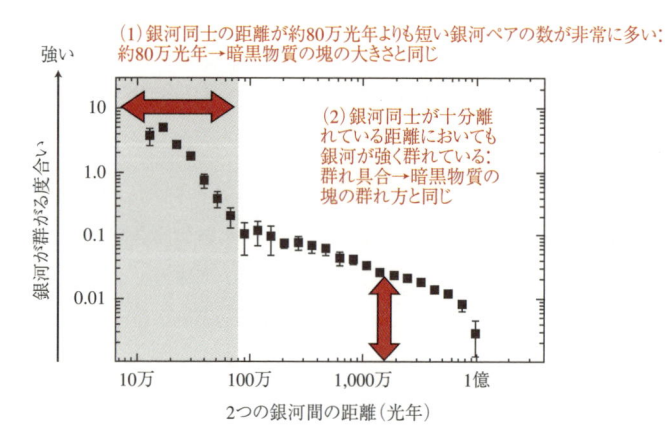

図2・18 銀河の相関．
http://www.naoj.org/Pressrelease/2005/12/21/fig3j_l.jpg

2.4 宇宙の大規模構造

ように決められていくのであろうか？ここでは，宇宙の密度パラメータの評価に関して，改めて，もう少し考えていきたい．密度パラメータを決めるということは，我々の宇宙が開いているか，閉じているか，はたまた平坦なのかについて解答を与えることに相当する．

　これまで，銀河は一様に分布しておらず，その銀河間距離に何らかの関係を保ちつつ，宇宙の大規模構造が形成されたことを紹介した．では，そもそも，その関係は一体どのように出現するのであろうか？その解答はシンプルではない．少なくとも正しく言えることは，その関係または大規模構造の出現には銀河およびその集団に働く重力の効果が重要となっていることである．本稿では，我々の宇宙はビッグバンと呼ばれる爆発的現象から始まったことを暗黙の前提としているが，ここでそのことを少し真剣に確認する必要が出てきているのである．

　まず，宇宙がビッグバンという出来事から始まったと考えられる理由は，1つには現在の宇宙が膨張していることを観測的に確立できていることにあった．しかしそれでは，例えば昔は収縮して，いまはたまたま膨張しているような，振動的に進化をする宇宙論を否定することはできない．実は，大規模構造の存在からそのような振動宇宙には非常に厳しい制限がつき，否定されることになる．ただそれ以上に，ベンジャス博士とウイルソン博士が観測的にその存在を示した，ビッグバンの残像が見つかったことがかなり大きな拘束条件となっている．ビッグバン宇宙モデルは，もともと，宇宙に存在する様々な元素の起源を宇宙の進化初期の高密度で高温の時代に求めたものである．ガモフ博士らにより提唱されたことは，すでに紹介した通りである．ガモフ博士らは，その高温高密度時代の残光が現在では約数 K の温度を示す熱放射として観測され得ることも予言した．その残光がベンジャス博士とウイルソン博士により発見されたのであった．最近では，その観測もより詳細に行われるようになり，COBE 衛星が，かなり信頼できる形でビッグバンの残光をとらえている．その熱放射の温度は，現在では 2.74 K と評価されている．誤差は評価温度に対して，ほんの 3 ％程度と言われている．

　重要なことは，このビッグバンの残像は非常に等方的であることである．この意味するところは重要である．現在我々が観測する宇宙は大規模構造をも

ち，決して等方的ではありえない．初期の等方性と現在の非等方性を結び付ける必要が生じてくるのである．この問題に解答を与えるには，宇宙の初期は確かに非常に等方的ではあったが，少しは揺らいでいたと考える必要がある．その揺らぎは，場所ごとの重力の大小揺らぎであるべきで，その重力場の揺らぎが成長し銀河にもなり，そして大規模構造としての空間パターンが形成されたと考えるべきなのである．

では，そのような揺らぎは発見されているのだろうか？答えはこれもイエスである．COBE 衛星が，宇宙の残光の温度を非常に精度よく決定するのと同時に，宇宙の残光中に微少な揺らぎを発見したのである．この揺らぎの詳細が，引き続く WMAP 衛星により観測されていることはすでに紹介したとおりである．

ここで説明の準備が整った．宇宙の大規模構造は，ビッグバンから始まった宇宙の初期揺らぎが成長して形成されたものなのである．よってもちろん，その構造の性質には宇宙の膨張割合の情報が含まれることになる．あわせて，その揺らぎの観測量には，大規模構造に応じる揺らぎ自体の大きさの情報も含んでいるはずである．大小の揺らぎは銀河へと成長したり，大規模構造に反映したりするが，基本的には，重力相互作用の結果が反映されることになる．重力相互作用は，物質間に働く力であるので，大規模構造の性質を定量的に評価することから，宇宙の密度を評価できることになるのである．

ここで疑問が生じると思う．大規模構造には宇宙の膨張の仕方，つまり宇宙の曲率や宇宙項の影響も反映されることになる．よって，例えば我々が宇宙の平坦さを推し量るためには，単純に目に見える物質の重さと分布を測るだけでは足りない．必ず，最低限，合わせて 3 つの宇宙論的パラメータの評価も行っていかなければならないのである．これは，宇宙の構造形成を見極めるにあたり，避けて通れない道筋なのである．

最期に強調したいことがある．前述しているが，重力相互作用を及ぼす物質は我々の目に見える物質以外にも存在していることである．暗黒物質のことである．この暗黒物質の素性は依然としてわかっていない．ただ，我々は，暗黒物質が重力相互作用する物質であることから，その存在に関しては確信をもっている．問題は，その暗黒物質が，我々が通常に知っている物質と同様

2.4 宇宙の大規模構造

なものかどうかのみである．少なくとも，暗黒物質が重力相互作用するものであるかぎり，大規模構造の起源の理解にも暗黒物質の空間分布が問題となってくる．暗黒物質だけではない．もちろん，暗黒エネルギーも，宇宙の膨張則にその存在が応答するかぎり，宇宙における大規模構造の進化過程の解釈に影響を与える．もともとは，宇宙の地図作りという，シンプルな発想がもとであったとはいえ，すでに，宇宙の大規模構造，すなわち，大きなスケールでの銀河分布というものは，宇宙自身の進化と分けて考えることはできなくなってしまっているのである．この単純で複雑な物語を完結させるには，暗黒物質と暗黒エネルギーの解決が必要になっているのかもしれない．宇宙物理学を探求する者に課せられた宿題はあまりにも大きいものである．

● COLUMN2 ●

星間物理学

　現代的な星間物理学は、実質的にライマン・スピッツァー博士が始めたものと思ってよい。スピッツァー博士は、磐石のプラズマ物理学の基礎論をもとに、多角的に多様な天体現象を研究した理論天体物理学の巨人である。そのプラズマの基礎論の発展にもスピッツァー博士は大いに寄与をしているのである。実際、博士の執筆した教科書は、30年経った現代でも（個々の事例が古びたとはいえ）示唆に富んだ内容となっている。さらに、博士は観測衛星計画を初めに提唱した人物の1人でもある。ハッブル宇宙望遠鏡の実現は、スピッツァー博士が不在であったならば、もう少し遅れていたかもしれない。我々の宇宙認識の拡大に、もう少し時間が必要となっていたかもしれないのである。

　さて、星間物理学とはいったい何者なのであろうか？　本書では、恒星（そして銀河や宇宙自身も）は生物などと同様に、「誕生する」ものであることを強調してきた。誕生するからには、その前には何らかの別な状態であったことに疑いはない。実際、その別な状態は気体であり、それを我々は星間物質と呼んでいるのである。星と星との間は決して空虚な真空ではなく気体（及び固体微粒子）で充満しているのである。この星間物質の組成や化学的そして動的性質を学ぶのが星間物理学という学問である。

　事物の本質を見極めるためには、そのものだけに着目していても打開策は得られない場合がある。そのような時には、一歩下がって遠目にその物事を眺めてみたり、事物自体を要素に分解して再構築することが必要になるであろう。このような考え方は一般生活でも必要なものであろうと思っている。天文学でこういった役割を担うものは何であろうか？解答の1つは星間物理学である。直接目に訴えかけなくとも、我々の観る天体の形成過程を詳らかにする必要に迫られる。その形成に至る前段階や輪廻の理解のため、星間物理学はどうしても必要とされる学問なのである。

CHAPTER 3

多様な個性をもつ銀河たち

3.1 銀河とは

　第1章で見てきたように，宇宙の全体的な構造だけではなく，宇宙自体の進化の理解にも，銀河の宇宙における分布や運動が利用されている．これは，銀河が宇宙で生まれてから現在まで，ある程度普遍的に存在してきたことが，暗黙の前提であることを意味している．銀河を宇宙の基本構成要素と見なしているのである．

　万が一，銀河が宇宙の一生の間に，任意に生まれたり死んだりしているならば，宇宙におけるその数や分布を単純に理解できなくなる．なぜならば，銀河同士（暗黒物質も含む）がお互いに重力相互作用をし，現在の宇宙の大規模構造が形成されたという，ある種，定性的には明快な理解を再検討する必要にせまられるからである．つまり，解釈によっては，ただ確率的に現在の大規模構造の場所に銀河が存在しているだけであり，いつの日にか，ボイド領域にも銀河のフィラメント状分布が発生し得る可能性を否定できなくなるのである．このようなことはないのだと安心するためにも，銀河が宇宙の基本構成要素であることを確認し，その個性に関してきちんと把握することの必要を感じて欲しいと思う．

　銀河は様々な種類の星や，星と星の間のガス（星間物質），そしてダークマターなどから構成されている，宇宙を代表する天体である．まずその銀河の種類と分類法を紹介していきたい．銀河をその形態ごとに分類していくことは，天文学の伝統的作業でもある．現代においては，銀河の形態の分類は，最終的には銀河の形成・進化，そして形態の発現を明らかにするために行われている．形態分類法の変遷に，銀河天文学の進歩状況が反映されているとも言える．

CHAPTER3 多様な個性をもつ銀河たち

　この銀河の形態分類でも大きな役割を果したのがハッブル博士である．まず，ハッブル博士は，銀河を大まかに3つに分類した．それらは，楕円銀河，渦巻き銀河，棒状渦巻き銀河である．楕円銀河を早期型，棒模様のあるなしにかかわらず渦巻き銀河を晩期型銀河と呼ぶ．これは，銀河が楕円銀河（単純な構造体）から渦巻き銀河（複雑な構造体）へと進化すると考えられていた時代の名残である．ハッブル博士は，この典型的な銀河を図3・1のように並べ，その性質に思いを馳せたようである．現代でも，この銀河の分類は最も基本的な分類法として知られ，図3・1をハッブルの音叉図と呼ぶ．3.3節で，より個性的な銀河が存在することを紹介していくが，このハッブルの音叉図が基本であることには変わりはない．最も基本的な分類として，ハッブル分類法は世界的にコンセンサスが得られているといってよい．

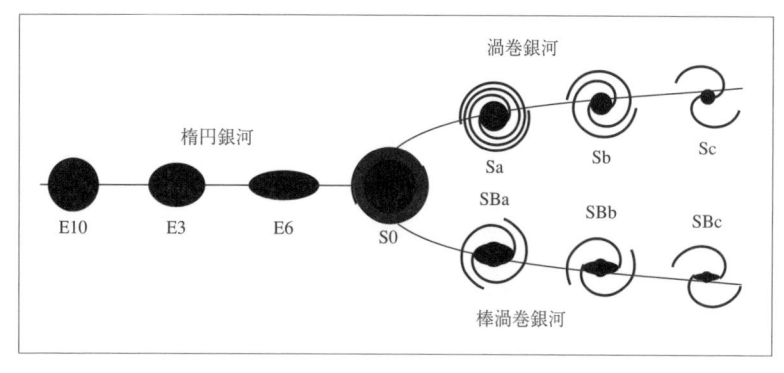

図3・1　ハッブルの音叉図．
(Creative Commons ShareAlike 1.0 License)

　図3・1を改めて眺め直してみよう．左から右へ，早期型銀河から晩期型銀河へ並べられ，それぞれEとSという記号が付記されている．記号の意味は，E = ellipticalであり，S = spiralである．Eに付記されている数字は楕円銀河の見かけ上の扁平度を表している．E0は真ん丸に見える楕円銀河である．一方，晩期型銀河はさらに上下に分類をされている．上段の銀河は棒模様なしの渦巻

3.1 銀河とは

き型銀河で，下段は棒模様有りの渦巻き銀河である．それぞれ，SおよびSBと記号が振り付けられている．小文字のabcは腕模様の巻き付きの強さを表している．その他に，Imとして不規則な形をした銀河を並べる場合もある．

さて，この分類法に関し，よく注意すべきことがらを，ここでも敢えて述べておきたい．こういった図を眺めると，左から右へと銀河の進化が進んでいきそうな気になる．しかし，この形態の系列は，その進化の系列というより形成機構や銀河の置かれている環境（その他の銀河の存在による影響）のためとするのが常識となっている．実際，丸い星の集団としての楕円銀河から，星の腕状構造をつくり上げることは困難極まりなく，また，不自然な仮定をもする必要も出てきてしまう．ハッブル分類は銀河の進化の順に並べたのではなく，単純に形態の似方をまとめていると思うべきなのである．

ハッブル博士の後では，どのような銀河の分類が行われてきたのであろうか？それらを順次紹介していくことにする．まず代表的な分類は，ド・ヴォクルール博士によるものである．博士は，銀河を3つのパラメータで特徴づけることにより，分類を行った．1つは，もちろん，早期型から晩期型にかけての分類である．ただし，第一のパラメータとしては，棒模様の有無は問わず，円盤銀河を分類することになる．2つ目はもちろん棒状構造の分類であり，それは図3・1の上下に対応する．さらに，3つ目であるが，それは円盤にリング状模様が認識されるかどうかの分類となっている．全体をまとめると，図3・2のようにレモン型に銀河は整理することができるというのである．ところで，実際に様々な論文を読むと銀河をTという変数で分

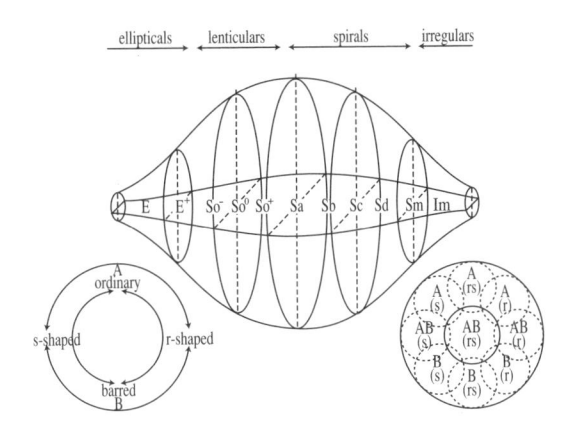

図3・2　Schematic of de Vaucouleurs 3-D classification volume
（Handbuch der Physik, 53, 275, 1959）．

CHAPTER3 多様な個性をもつ銀河たち

類している場合に出くわす．今後の便利も考えて，Tとハッブル分類との関係も表3・1にまとめておく．

表3・1 T値とハッブル系列の関係

Type	E	E/S0	S0	Sa	Sb	Sc	Sd	Im
T	-4	-2	0	1	3	5	7	10

 最近では，銀河の観測情報が非常に容易に手に入るようになっている．もちろん，インターネットの普及によるところが大きい．検索エンジンを利用し，「銀河」および「カタログ」といったキーワード検索を行うことにより，欲するデータが容易に手に入る時代となったのである．さらに，本当の最新データも，その取得の後1年から2年程度で公開される時代となってきている．ひょっとすると，インターネットを通じた情報伝達の高度化に伴い，アマチュア天文家でも一線級の観測データを用いてちょっとした研究ができる，そのような時代が訪れるのかもしれない．天文学という学問の裾野が広がることは，学問としての健全さが保たれるであろうという見解を筆者はもっているので，この世界的潮流を歓迎している．

 さて，一番有名な銀河情報サイトはNEDの略号で知られるNASA Extragalactic Databaseだと思う．英語のコンテンツばかりであるが，一般の方々もアクセスできるので訪れてみては如何であろうか？ 2006年11月でのアドレスはhttp://nedwww.ipac.caltech.edu/である．万が一アドレスが変更されていたとしても，「NED」というキーワードで適当な検索エンジンで探すと，きっとヒットするはずである．

 ここから，代表的な形態ごとにその銀河の性質を整理していく．まず，Eとして分類される早期型銀河と分類された楕円銀河についてまとめていく．楕円銀河のほとんどの光は，古い星々から放たれた光の重ね合わせである．その形状は定義により楕円であり，見かけの長軸と短軸が区別できない場合をE0としている．また，長軸の長さから短軸の長さを引き，そして長軸でその差を割ったものを扁平率と呼ぶ．E0の扁平率は0である．E7と場合分けされる楕円

3.1 銀河とは

銀河の扁平率はおよそ0.7である．ただし，奥行きの構造は天文観測の特性上判らないので，例えばE0銀河だとしても，本当にそれが真ん丸であるかどうかの判断には注意を要する．典型的な写真を図3・3として紹介しておきたい．

図3・3 ハッブル宇宙望遠鏡により撮影された楕円銀河．

　銀河はその主な構成要素が星であるかぎり，星々の空間分布によりその銀河の光のイメージが決まることになる．渦状銀河はあからさまに星の分布が銀河の見かけの構造を反映している．楕円銀河にはそういった特徴的な星の空間分布は存在していないのであろうか？　答えは「有る」であり，それはド・ヴォクルール則として知られている．ド・ヴォクルール則とは次のようなものである．まず，楕円銀河の表面光の分布を測ってみる．そうすると，星の密な中心で明るく，星の分布が粗な外縁部では暗くなる．この中心から外縁にかけての暗くなるなり方が，各楕円銀河に対し共通なのである．ただし，一部の楕円銀河ではその外縁部が他の銀河との相互作用により乱される場合があるので，その意味での例外的な銀河は多数ある．しかし，それにもかかわらず無数の楕円銀河がこのド・ヴォクルール則を示すのである．

　ド・ヴォクルール則の起源は何と考えられているのであろうか？　先ほど述べたように銀河の光のほとんどは星々の明かりの合算である．よって，ド・ヴォクルール則として我々が認識する銀河光の表面分布は，銀河内の星の分布と強い関連があると想像される．また，銀河はそれ自体で，銀河を構成する星

を重力的に束縛している系である．すなわち，自己重力系である．よって，銀河の力学的状態がド・ヴォクルール則として発現しているものと期待できる．つまり，楕円銀河という大きな重力場中における無数の星の運動状態が重ね合わさった結果で決まる星々の空間分布を，我々はド・ヴォクルール則と認識しているのである．

確かに，楕円銀河の明るさの空間分布はその構成恒星などの分布で決まるかもしれない．しかし，だからといって，これほど多くの楕円銀河がド・ヴォクルール則に従う理由はないような気がする読者も多いと思われる．多くの楕円銀河でド・ヴォクルール則を示すその理由には，楕円銀河の恒星が古いこと，つまり，新しい星が生まれなくなって時間が十分に経っている事実も関連してきそうである．銀河を構成している星々の十分な重力相互作用の結果，ド・ヴォクルール則が生まれているのかもしれない．そうすると，楕円銀河の形成とも，ド・ヴォクルール則の起源は絡んでくることとなり，それだけでも，このド・ヴォクルール則が楕円銀河のもつ（形成の情報も含んだ）大変興味深い性質であることを想像してもらえると思う．

楕円銀河をさらに分類できないものであろうか？楕円銀河の明るさの表面分布をもう少し詳しく調べると，一見何も特徴がない楕円銀河でも，その明るさの分布に円盤的成分（ディスキー型）が含まれる場合と，箱的成分（ボクシー型）が含まれる場合に種類分けができる．それぞれ，大まかには，次のような楕円銀河がそれぞれに対応していると考えられる．円盤的な表面光成分をもつ楕円銀河は，標準的またはやや暗い楕円銀河で，系全体の回転が認められる．箱的な表面光成分をもつ楕円銀河は，大きく，実質的にはっきりとした回転は認められない．さらに，見かけの中心付近で明るさが目立って大きくなる傾向をもつ．しかし，このようなシンプルな解釈には異論も多く唱えられており，観測的に最終的な結論は得られていないというのが安全かもしれない．

確立した話ではないのであるが，楕円銀河の形成および進化過程と両タイプの関係に関しての議論を紹介しておくことは興味深いと思われる．ディスキー型の円盤銀河はボクシー型に比べて，星間ガスが示す特徴的な輝線が強く観測されるとの報告がある．これは，楕円銀河の本体のほとんどは確かに古い星

3.1 銀河とは

ではあるが，それなりに若い星がボクシー型よりもディスキー型の円盤銀河に多いことを示唆しているのである．このやや遅れた形成時期をもつ恒星は，元となった星間ガスが回転していたならば，その回転の度合いにもよるが，円盤的に分布することになるだろうと期待される．実際，このように考えている研究者もいるのである．

一方，箱的成分を示す銀河は，先代の銀河と銀河の衝突の結果であるとする立場がある．いずれにせよ，楕円銀河の表面光分布での形態分類は，銀河形成の情報と密接な関係があるかもしれないことを示唆している．筆者はこのような示唆が与えられていることを伝えることが重要であると考えている．宇宙全体の進化を理解するためには銀河の素姓を明らかにしておくべきとの立場を取るならば，楕円銀河における表面光分布の起源の解決に向けた今後の詳しい観測と理論の発展に注目するべきだと思っているのである．

楕円銀河はお互いに見た目が非常に似ているために，お互いに個性の差が少ないと直感的には想像するかもしれない．しかし，適当な2つの楕円銀河のパラメータを採用し，プロットしてみると，明らかな分散をそのプロット図より読み取ることができる．この意味では，つまり，見かけが同じ楕円銀河とはいえ，それらは個性をもつ天体なのである．

ところが，興味深いことに，楕円銀河のある3つのパラメータ間には1つの関係が存在していることが知られている．その3つの特徴的なパラメータとは，全体の明るさの半分が含まれる半径，その半径での単位表面あたりの明るさ，そして，恒星系としての楕円銀河の速度分散である．これらのパラメータを縦，横，奥行きとすると，1つの面上に各楕円銀河がプロットされる．このことから，3つのパラメータ間の関係を楕円銀河の基準面と呼んでいる．各パラメータの組み合わせを工夫することで，さらに綺麗な基準面が得られることも報告されている．いずれにせよ，この関係は楕円銀河の形成の秘密と密接に関連しているものと考えられる．

さて，この基準面を構成する2つのパラメータを決めさえすれば，前述において強調されてきたある重要な情報が得られる．楕円銀河の基準面は経験則ではあるが，全体の明るさが半分となる半径を観測的に定め，その楕円銀河内部の恒星の速度分散を分光観測により決定できると，基準面の関係を利用

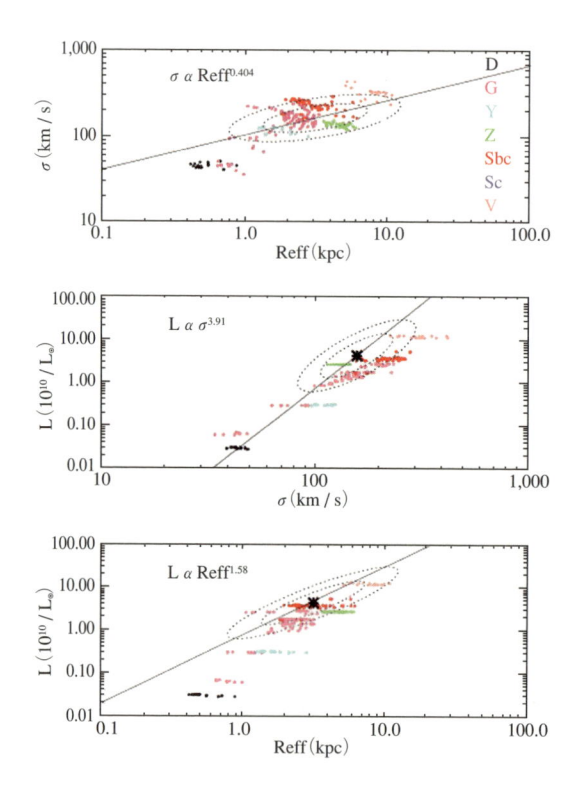

図3・4　楕円銀河の基準面（参考：Matt Covington氏ウェブページ）.
http://physics.ucsc.edu/~mdcovin/fp.html

することで楕円銀河の絶対光度が評価できるのである．つまり，楕円銀河の距離が決定できるのである．様々な天体の距離を決定することは，宇宙全体の進化の解明にとって本質的役割を果たすことは，くどいほど繰り返し述べてきた．この基準面の発見は，我々が宇宙の進化の理解に一歩近づく手助けをしてくれているのである．基準面という経験則が意外に宇宙論への寄与が大きいことを判っていただけたと思う．逆に，この意味でも，基準面の本当の起源を早急に明らかにし，我々が安心して絶対光度を評価できるようにすべきなのかもしれない．

3.1 銀河とは

　楕円銀河の基準面の話に絡んで，フェイバー・ジャクソン則についても触れておこうと思う．フェイバー・ジャクソン則とは，楕円銀河の絶対光度とその速度分散間の相関関係である．この法則が利用できるならば，基準面を利用する場合に比べパラメータが1つ少なくて済むので簡便である．ではなぜこのフェイバー・ジャクソン関係よりも基準面の方が好まれているのであろうか？答えは簡単である．各楕円銀河は，同じ楕円銀河といっても，それなりに個性があることはすでに紹介した．その個性は，小さいずれであるかもしれないが，基準面やフェイバー・ジャクソン則からの有限の乱れとして観測される．そのデータ間の乱雑さが，フェイバー・ジャクソン則に対しての方が大きいのである．このために，現在では基準面のモデルを用い，楕円銀河の絶対光度を評価することが好まれている．しかし，フェイバー・ジャクソン則の歴史的重要性は変わらないし，楕円銀河を十分に空間分解できない場合などには，まだまだ有効な経験則として活躍している．その起源は，基準面の起源の解明とともに明らかにされていくことになるはずである．

　次に，円盤銀河について紹介したい．銀河の形態分類の際に，ここで紹介する円盤銀河は渦状銀河として分類されていた．同じものであることを注意しておきたいと思う．ただここでは，特に棒構造を示すかどうかにかかわらず，渦状銀河の性質を述べることを意識し，敢えて，それらをまとめて円盤銀河と一括りに呼ぶことにする．

　代表的な円盤銀河の全体像を図3・5に紹介する．円盤銀河の構造を構成要素ごとに分解していくことにしよう．まず目を引くのがもちろん円盤部である．円盤部では，現在でも活発な星形成が起きており，この点で楕円銀河とはその形態差以上に大きな差がある．次に注目されるのは，円盤銀河の中央部に位置している楕円体状の恒星系である．これはバルジと呼ばれている．バルジとは英語では膨らみや出

図3・5　ハッブル望遠鏡により撮影されて渦巻模様の際立つ円盤銀河．
（NASA / STSci）

っ張りを表現する単語である．円盤部からの膨らみ（出っ張り）と認識されていることより，そう呼ばれるようになったものと想像している．バルジの性質は，楕円銀河と似ている部分が多々ある．さらに，この円盤とバルジを取り囲むようにハローが存在している．ハローとは光芒という意味だが，円盤銀河本体を包み込むようにぼんやりと存在することから名付けられたものと想像する．特に重要と思われるのは，このハローの質量のほとんどが暗黒物質と考えられている点である．前章でも指摘したとおり，暗黒物質は宇宙の構造形成全般に重要な役割を果していると考えられ，それがハローの質量の主成分であるとするならば，我々は銀河ハローの起源を真剣に考えていくべきであることを意味しているのである．光で目立たない構造だからといって，無視してよい構成要素ではないのである．

最後に指摘した観点から，銀河ハローの質量を担う天体の探求が観測的に行われている．銀河ハローが目に見えないくらい暗く，非常にコンパクトな天体から構成されていると考えてみる．そのコンパクトな天体は，ある確率で，背景の恒星と我々の観測方向との間を横切るものと期待できる．その背景の恒星としては，大マゼラン雲の星々を採用すればよいだろう．興味深いことに，期待されるほどコンパクトな天体が星を横切ると，重力レンズ効果により，見えている星が急に明るくなるのである（図3・6）．実際これは観測されており，MACHO天体として知られている．MACHOとはMAssive Compact Halo Objectの略である．MACHO天体がダークマターのすべてであるかどうかは，まだ分かっていないが，いまのところMACHOだけではダークマターのすべてを理解するのは難しそうである．ただ少なくとも，銀河ハローに，非常に興味深い天体がたくさん存在することは期待できる．

円盤銀河には，楕円銀河の基準面やフェイバー・ジャクソン則のような，宇宙論的に利用できる経験則はないのであろうか？円盤銀河には，ターリー・フィッシャー則として知られる，同様な観測的経験則が知られている．この関係は，銀河の絶対光度と回転速度の関係である（図3・7）．よって，円盤銀河を用いても，宇宙の構造やその進化を議論できるのである．

3.1 銀河とは

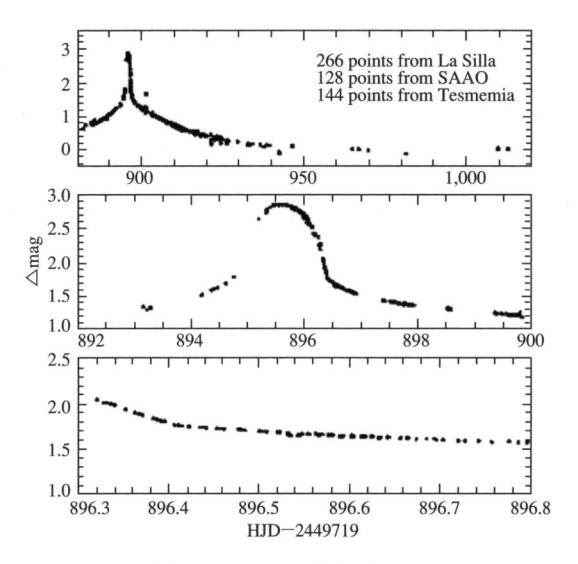

図3・6 MACHO現象. (©SAAO)
http://www.saao.ac.za/public-info/publications/newsletters/newsletter-31/macho-97-blg-28/

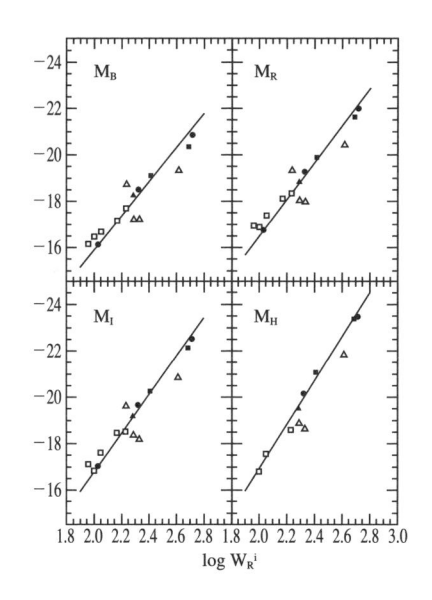

図3・7 ターリー・フィッシャー則.
M.J. Pierce and R.B. Tully (1992) Astrophysical Journal, vol.387, 1992, p.47-55

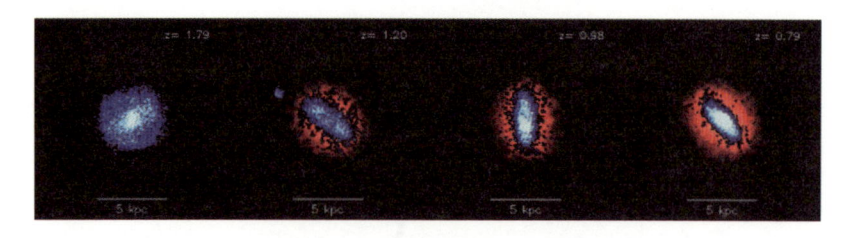

図3・8 棒状銀河の数値シミュレーション．
（Steinmetz, M. and Navarro, J. F., New Astronomy Vol 7, p155, 2002）

　最期に，円盤銀河の形態の起源に関して考えてみることにする．銀河円盤の腕状構造は，密度波理論により定性的に説明されている．密度波理論とは，円盤の恒星の分布が，ちょうど銀河腕のようなパターンとなり，それが円盤中を波として伝播していくという説である．実際には，その波動が安定に伝播するかどうかについて決着は付いていない．意外と，密度波の寿命は短いのではないかと考えている天文学者もいる．また，銀河同士の相互作用が，密度波の励起に重要であると主張されるときもある．今後，非常に多数の粒子を用いた数値シミュレーションがこの問題に解答を与えてくれるものと期待する．また，棒状構造に関しては，円盤中を運動する様々な恒星の軌道の重なり合わせの結果が棒という構造として発現しているとする説が提唱されている．この棒状構造に関しても，その安定性や起源については，銀河腕の場合と全く同様に完全には理解されていない．やはり，今後の数値シミュレーションの進展を期待したいと思う．引き続く2つの節で，銀河の形成と多様性に関して紹介していきたいと思う．

3.2　銀河の一生
　前節で紹介した銀河という天体は，ではどのようにして生まれてくるのであろうか？　また，銀河が誕生することは，いま存在しているのだからある意味で当然としても，どのように進化するのであろうか？　銀河とは，宇宙の全体像を探るうえで基本となるので，その成り立ちはどうしても気にせずにはいられない．

3.2 銀河の一生

　そもそも，銀河という構造の形成ための種はいつから存在しているのであろうか？COBEやWMAPの成果として強調してきたが，現在の宇宙の構造形成が始まる段には，すでに，密度の揺らぎが存在していた．この密度揺らぎが成長そして合体することで，宇宙の構造形成が進んでいくことになる．もちろん，宇宙における構造物としては銀河も含む．この揺らぎは，宇宙ごく初期の量子揺らぎが大本であると考えられる．しかし，この量子揺らぎの詳しい性質は様々な観点から研究されているものの，宇宙の開闢（かいびゃく）という大問題と関わってくるために，完全な形での決着はまだついていない．少なくとも言えることは，銀河や宇宙の大規模構造といった目に見える構造も，宇宙開闢の情報の一端は担っているということである．

　現在の構造形成に直結する部分に着目していきたいと思う．この宇宙は，エネルギー的にみると，暗黒エネルギーが半分以上を占め，その次が暗黒物質，我々の直接認識できるバリオン物質はわずかである．暗黒エネルギーに関しては，大宇宙の進化に重要な役割を果たすが，エネルギー密度的には，その一様性のため，非常に小さくなっている．宇宙の個々の構造は，大宇宙の広大さからみれば小さいものである．こういった小さい物体へ，暗黒エネルギーの効果が第一義的に重要になるとは想像できない．

　一方，暗黒物質の方は，重力相互作用を介してその存在が間接的に把握できる．また，重力相互作用する物質のほとんどは暗黒物質である．よって，宇宙における構造形成に対しても，暗黒物質が重要な役割を果たすと想像できる．そして実際，銀河や銀河団，そして宇宙の大規模構造を維持する重力のほとんどは，暗黒物質が担っているのである．では，この暗黒物質がどのように宇宙の構造形成に関わってくるのであろうか？結論としては，暗黒物質の力学的進化の結果が宇宙の構造形成史であると言って過言ではないということになってくるのである．

　ここで，最初の準備が整った．その起源は十分に把握しきれていないかもしれないが，(1) 宇宙における構造形成の種は宇宙背景放射揺らぎの中に検出されていることと，(2) 暗黒物質が宇宙の構造にとって重要となっていることの2つである．宇宙背景放射中の揺らぎは，構造形成論にとって，実質的な初期条件と考えられる．つまり，この揺らぎは，暗黒物質の空間分布の凸凹に

61

CHAPTER3　多様な個性をもつ銀河たち

相当すると思ってもらえればよい．揺らぎ自体のサイズは色々あるようであるが，宇宙の大規模構造の存在や，銀河の年齢などから推し量るに，小さい揺らぎの成長およびそれらの合体が最初に起きなければいけないのである．また，大きな揺らぎから一気に銀河などができたとすると，その大きな揺らぎの痕跡が宇宙背景放射中に色濃く残されることが期待されるのであるが，WMAPの観測結果でも，そのような極端な痕跡は見つかっていない．やはり，大宇宙では小さな構造がまず誕生するのである．

　小さな暗黒物質の揺らぎたちは，自分の重力で自らを束縛し，自己同一性をもつようになる．これはダークハローと呼ばれているが，とどのつまり，暗黒物質の塊と思って問題ない．この小さな揺らぎのサイズは，実際の銀河と比べて，十分に小さなものである．ダークハローはその自己重力により固まった存在となっているが，ダークハローも物質でできているかぎり，お互いに重力で引き合うことになる．その結果，小さいダークハローはお互いに衝突し，合体し，より大きなダークハローに成長していくのである．そしていつしか，銀河のサイズほどの大きなダークハローへと成長してくのである．ここで，1つの結論をまとめる．すでに，紹介している事実ではあるのではあるが，宇宙の構造は小さい暗黒物質の塊が合体成長することにより誕生するのである（図3・9）．暗黒物質は，見えない不思議さ以上に，我々の存在にも大きな役割を果たしていることを強調しておきたい．

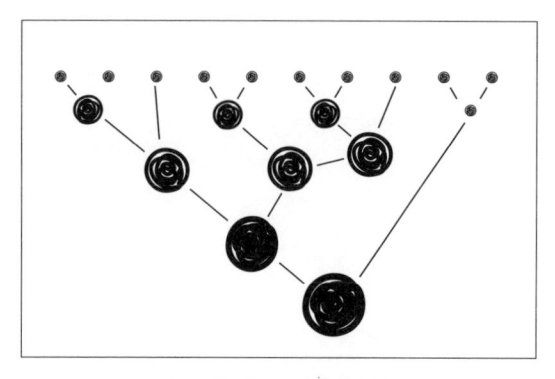

図3・9　階層的構造形成論．

3.2 銀河の一生

　宇宙の構造形成を考えるときに，暗黒物質が重要な役割を果たすことは分かった．でも，実際に我々が直接光で観測しているのは，あくまでも恒星や星間物質といったバリオンである．そこで問題は，暗黒物質塊が合体成長している最中で，どのように我々が直接認識できる宇宙の構造が出来上がっていくのであろうか？ということになる．その解答は次のようになる．まず，やはり暗黒物質塊は合体成長していく．その間でも，暗黒物質塊は周りのバリオンを重力的に引き付けていく．そして，暗黒物質塊の重力の井戸にバリオンを捕獲していくのである．捕獲されたバリオンは，その後，冷えて分子雲となり，その中で初代の恒星が誕生していく．このあたりの大まかな事情は，現在の星形成機構と変わらない．ただ，現在の星形成過程では，炭素や酸素に代表される重元素が重要な役割を果たす一方，初代の恒星形成では水素分子が重要となるのである（図3・10）．

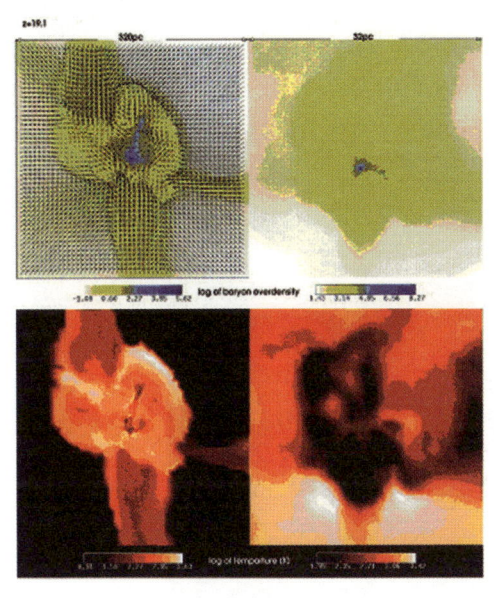

図3・10　暗黒物質塊中にバリオンが落下していく様子のシミュレーション．
T.Abel et al.（2000）
http://www.journals.uchicago.edu/ApJ/journal/issues/
ApJ/v540n1/50350/50350.figures.html

暗黒物質塊中にバリオンが束縛されたとしても，もし束縛されるときの圧縮で溜め込まれる熱を逃がすことができなければ，その後のバリオン構造は出現することはできない．バリオンの構造形成が進むためには，この熱を何とかして外部に捨てなければならないのである．このときに重要になるが，水素分子である．暗黒物質塊に拘束されたのち，そのバリオンの一部が水素分子となり，その水素分子はエネルギー的に高い状態から低い状態へ遷移するチャンスをもつ．この遷移の際には，水素分子を特徴づける光が放射されることになるのである．つまり，暗黒物質塊に捕獲されたときに溜め込んでしまったエネルギーは水素分子という媒介物を通して，光として外界へ放出されるのである．こうして，暗黒物質塊は光で観測できる恒星の集団として認識できるようになる．同様なプロセスを，暗黒物質塊が合体成長する段に繰り返し行い，結果として，我々が知る銀河が生まれていくのである．

この初代天体形成の名残は，宇宙の再電離化という現象に現れている．宇宙は，その開闢時には非常に熱い状態にあった．通常のバリオン物質が誕生した後でも，水素だけではなくヘリウムまでもが電離しイオンになっていなければならない．その後，宇宙は自身の膨張とともに冷えていくことになる．バリオンも冷えるので，電子はイオンと合体し，基本的に宇宙は中性化することになる．よって，何も原因がなければ，特に銀河間では，中性水素が浮遊する空間となるはずなのである．ところが，様々な遠方宇宙の観測から，銀河間はほぼ完全電離していることが突き止められている．その原因は，何であるのであろうか？再イオン化の原因となる，エネルギー源を突き止める必要がある．候補としては，いま紹介した初期の恒星，そしてクェーサーに代表される，非常に大きな

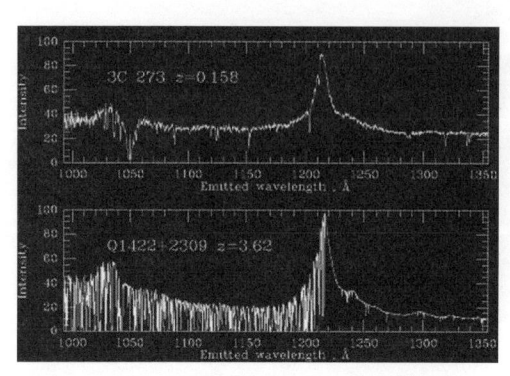

図3・11 遠方のクェーサー（非常に活動的な銀河の中心核）の明かりが銀河間の水素により吸収される様子．イオン化度が小さいことが判る．©W.C. Keel
http://www.astr.ua.edu/keel/agn/forest.gif

3.2 銀河の一生

エネルギーを放射している活動的な銀河中心核の影響である．現在では，活動銀河核が出現する以前に，宇宙の再電離が始まったと考えられている（図3・11）．つまり，初代の恒星たちが宇宙の再電離に重要となってきているということである．このように，宇宙全体の進化を考える場合でも，個々の構成要素の成り立ちを考えなければならないという事実は，宇宙を我々が認識する処方の確立に大きな意味をもつかもしれない．

次に，生まれた銀河がどのように進化していくのか？ その様子を紹介したい．まず，楕円銀河から始めたいと思う．銀河形成の立場から強調されるべき楕円銀河の性質は，その銀河を構成する恒星が年老いていることである．つまり，あるときに楕円銀河が形成され，その後は，単純に恒星の進化の重ね合わせとして，銀河の進化がとらえられることになる．もう少し言うならば，最近できた恒星は皆無であるということである．この事実はいったい何を意味するのであろうか？

先ほど強調したように，銀河は暗黒物質塊の合体成長過程を経て誕生する．そうすると，楕円銀河の恒星が古いということは，ある時期からこの合体成長過程が収まり，その後は静かに進化が進んできたことを意味する．しかも，楕円銀河には星間物質が少ないことから，銀河の形成過程で星間物質を使い切ったか，使い残した星間物質が何らかの理由で銀河から吹き飛ばされてしまったことになる．この両者とも，楕円銀河の形成および進化の理解へのヒントを与えてくれているのである．

銀河を構成する恒星が古いということから，ある程度の時期にまとめて暗黒物質塊の合体成長があり，そのタイミングでそれなりに短い期間で星形成過程が進んだことを意味する．このとき，相当量の星間物質が消費されることになる．ただし，その星間物質総量のせいぜい半分ほどしか利用できていないであろう．星間物質全体が一気に

図3・12 銀河風の概念図．

恒星になることは，後の星形成過程のところ（4.1節）で再度紹介するが，自己重力気体の性質から不可能と考えられる．つまり，いくら激しい星形成活動が起こったとしても，星間物質を使いきることは不可能なのである．星間物質の量が少ないことを説明するには，先ほど述べた第2の可能性を吟味する必要に迫られる．

さて，星形成が起きるチャンスの折に，きっと重い超新星となる恒星もふんだんに誕生したであろう．そうすると，超新星爆発が短い期間に数多く起こり，残りの星間物質を吹き飛ばし，その星間物質は銀河風として銀河間に吹き飛ばされていくことが可能となる．このように，楕円銀河の形成過程は，適当な期間に多くの恒星がいっきに形成されるということから理解できる側面があるのである（図3・12）．

基本的に，暗黒物質塊の合体成長という枠組みの範疇に含まれるのであるが，もう少しダイナミックな楕円銀河形成過程も知られている．まず，暗黒物質塊の合体成長で円盤銀河が形成されると仮定する．円盤銀河には星間物質は大量に残っているが，これは，銀河風がそれほど強く吹かなかったためと解釈する．その後，円盤銀河同士が衝突合体し，残っている星間物質を吹き飛ばしつつ，最終的に楕円銀河になるのである．このシナリオでも，最近の星形成が起きていないこと，そして星間物質量が少ないこと，その両方を定性的には説明することができる．現実には，もともと楕円銀河として生まれた楕円銀河，そして，円盤銀河同士が衝突合体し形成された楕円銀河の双方が存在しているものと思われる．

今度は円盤銀河の形成過程について考えてみることにする．円盤銀河の構造をおさらいしてみよう．それは，円盤，バルジ，そして暗黒物質で維持されているハローから形作られている．暗黒物質ハローは，暗黒物質塊の合体成長の結果ととらえてもらって問題ない．主に古い恒星から構成されるバルジは，楕円銀河の形成と似た経緯をもって誕生したはずである．恒星の年齢構成からいって，バルジは銀河円盤に先駆けて形成されたものと考えられる．よって，円盤銀河の形成過程を把握するとは，円盤の形成過程を理解することに対応すると考えられる．

円盤銀河の楕円銀河との最も大きな差は，現在でも円盤銀河で星形成が活

3.2 銀河の一生

発に起こっている点に集約される．その活発な星形成は，もちろん，星間物質の重力収縮の結果である．つまり，円盤銀河の形成過程は，そのように大量の星間物質が残されている事実を反映することになる．この星間物質は何処からやってきたのであろうか？まず，バルジ形成の末期には，きっと楕円銀河形成の終末期と同じように銀河風が吹いたはずである．ところで，一般にバルジの大きさは楕円銀河より有意に小さい．これは，バルジで吹いた銀河風がそれほど強力ではなかったことを想起させる．もし，バルジからの銀河風が弱かったならば，バルジを含む暗黒物質ハローには十分な星間物質が残存することも可能であろう．結果，その残った星間物質が回転しながら再びバルジ周りに集まってくることになる（図3・13）．そして，徐々に銀河円盤が形成そして成長していったと考えられるのである．よって，確かに円盤銀河は星間物質が降り積もってきて形成されたもののようであるが，その形成のためにはバルジや暗黒物質ハローの役割も無視できないと言える．

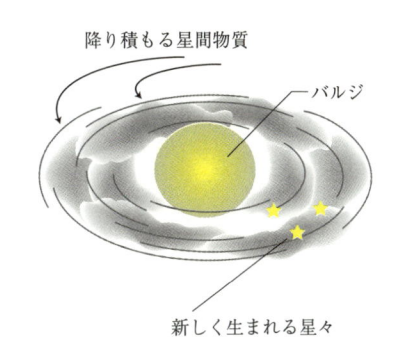

図3・13　銀河円盤の形成過程の概念図．

銀河形成が最終的に解明されると，銀河の基本的性質の起源を説明することになってくるであろう．基本的性質とは，楕円銀河でいうならばド・ヴォクルール則や基準面，円盤銀河でいうならばターリー・フィッシャー則といったものである．これら，銀河に固有な性質は，やはり，その形成と非常に密接に関連づいたものであると思われる．また，こういった銀河の基本的性質の根拠を明らかにしてはじめて，我々は，銀河を用いて把握してきた大宇宙の構造を安心してとらえることができるものと考えられる．

暗黒物質塊が合体成長することで，宇宙の構造形成が進んでいくことを，何度も強調してきた．つまり，銀河も1つの暗黒物質塊ととらえることがでるのである．よって，この銀河という暗黒物質塊が集積していき銀河団が形成されていくことになる．また，銀河団が構成されていく際に，まだ銀河団に飲み込

まれていない銀河の分布は宇宙の大規模構造を形作ることになる．このように，大宇宙の構造というものは，小さいものから大きいものへ，暗黒物質塊の合体成長の結果として統一的に記述することができるのである．

さて，では銀河の終末はどのようになるのであろうか？ 銀河の進化は，星形成史として記述できることを簡単に紹介した．星形成には星間物質が必要とされる．そうすると，円盤銀河においても，非常に長い時間を経た後には，星形成に有効に利用できるような星間物質が尽きてしまうものと想像される．その後は，単純に，銀河を構成する恒星の進化の重ね合わせとして理解されるようになると考えられるであろう．結果として，暗黒物質ハロー中に恒星進化のなれの果て（白色矮星，中性子星，そしてブラックホール），そして単純に暗くなってその生涯を終える褐色矮星が散在するような状況になり，その生涯を閉じることになりそうである．結構，銀河は寂しい終末を迎えそうである．

最期に，銀河が誕生する前の話に戻りたい．この時期は，恒星なども存在していないので，中性な水素やヘリウムにあふれた時代である．逆に述べると，恒星や銀河という光源が存在しない時代である．この意味で，我々にとって，銀河形成以前の宇宙を，可視光などによって直接探査することは非常に困難となっている．よって，この時代は，しばしば宇宙の暗黒時代と呼ばれている．今後，なんとかして，この宇宙の暗黒時代における構造形成史を解き明かそうと，多くの天文学者が挑戦することになっていくはずである．ひょっとすると，暗黒時代の解明に利用されるのは，まだふんだんに存在するであろう中性水素を特徴づける輝線となるのかもしれない．また，暗黒物質と中性水素に代表されるバリオンとの何らかの相互作用が観測的に有利であると気がつかれ，研究のブレイクスルーが起きるのかもしれない．宇宙の暗黒時代を読み解くために，今後どのような独創的なアイデアが提案されてくるのか，非常に楽しみな時代となってきたようである．

3.3 個性的な銀河たち

この節の前までは，主に標準的な銀河を念頭において，銀河の様々な側面について紹介してきた．しかし，標準的な銀河とは，孤立系でその素性を語りやすいという意味でしかない．数的に多いとか，例外がないなどという意味で

3.3 個性的な銀河たち

はないのである．そこで，この節では，銀河というものの多様性に少しでも触れてもらおうと考え，トピックス的に論じていきたい．まず，注目するのが，その中心核が非常に活動性の高い銀河である．活動銀河核をもつ銀河と呼ばれている一群のことである．そして，楕円銀河やバルジと活動銀河核の経験則に関しても紹介したい．さらに，数的に最も多いと思われている矮小銀河の多様性，我々から最も近い系外銀河であるマゼラン雲についても簡単に解説していく．

まず，活動銀河核をもつ銀河の紹介をする．宇宙の構造は，幾千億もの銀河の時空の分布から理解され得ることを第2章で紹介した．標準的と思われる銀河でも，非常に多様な性質を示していることも，本章ですでに解説した．そういった銀河の中には，中心の僅か太陽系サイズほどの領域から，非常に大きなエネルギーを放出している銀河が無数に存在しているのである．このような銀河の中心部を「活動銀河核」と呼んでいる．活動銀河核の最も興味深い点は，そのエネルギー発生機構にある．どのようにして，この活動銀河核は膨大なエネルギーを解放できているのであろうか？現在，これを説明する最も有力な解答は，「中心にある超巨大ブラックホールと，そこに落ち込む物質の重力エネルギーの解放」とされている（図3・14）．超巨大ブラックホールとは，太陽の100万倍もの質量をもった天体のことである．超巨大ブラックホールの形成機構だけでも，研究上の謎が渦巻いている．

図3・14 超巨大ブラックホールへの物質降着．
（左）チャンドラによる天の川銀河の中心のX線画像，
（右）いて座A＊をとりまく円盤のイメージ図
（X線画像：NASA/CXC/MIT/F.K.Baganoff *et al.*,
イラスト：NASA/CXC/M.Weiss）．

図3・15 SDSSが発見した
クェーサー.
Stephen Kent, SDSS collaboration
(Sloun Digital Sky Sirvey/SkyServer)

活動銀河核は電波からX線，γ線に至る非常に幅広い波長域で輝いていることが知られている．これは逆に，様々な波長域で観測を続けることにより，この超巨大ブラックホールの素性や，その周りの環境が論じられているということでもある．またそのような多角的な観測もあって，活動銀河核には様々な種類があることも分かってきた．次からは，代表的な活動銀河核について解説していきたい．

活動銀河核の中でも最も明るいグループに分類される天体がクェーサーである．この呼び名は「準恒星状天体（図3・15）」（Quasi‐Stellar Object）の頭文字をとったものだが，それは全く恒星とは異なる天体であるにもかかわらず，現在でも通用している．もともと，1950年代の電波と可視光の観測において，クェーサーは「異常に青い星のような（恒星状）天体」として発見されたことが，その名の由来となっているからである．クェーサーの可視光から紫外線の波長ごとの性質を調べると，水素，ヘリウム，そして重元素がそれぞれを特徴づける波長を発し輝いていることが分かる．様々な元素の輝線が検出されているのである．重要なことは，これらの輝線が非常に大きなドップラー偏移を示しているということだ．クェーサーという天体が非常に遠方に存在しているということを意味しているからである．ハッブル膨張のところ（2.1節）で説明したが，大宇宙で，「遠方にある」ことは「距離が遠い」という意味の他に，「時間的に過去」ということも意味している．つまりクェーサーのほとんどが遠い昔に誕生したのである．また，クェーサーは，電波域での明るさの違いから「電波の強いクェーサー」と「電波の弱いクェーサー」の2種類に分けられている．もちろん，この2つへの分類は便宜的なもので，両者は連続的に関連している．ただし，電波の強いクェーサーを有する銀河は楕円銀河に限られている．電波の小さいクェーサーは楕円銀河の場合もあれば，渦状銀河の場合もある．このクェーサーの起源を明らかにすることは，現代天文学の最難問の

3.3 個性的な銀河たち

1つとされており，非常にチャレンジングな問題として知られている．

クェーサーは一般に非常に遠方に検出される．では近傍には，同様な天体はないのであろうか？ セイファート銀河と呼ばれる銀河が，その対応天体であると考えられる．こういった近傍の活動銀河核を系統的に研究した天文学者に敬意を表して，セイファート銀河と名付けられている．セイファート銀河は，その可視光の波長ごとの性質から，代表的な2種類に分けて研究される場合がある．1つはクェーサーと同様な性質を示すもの，もう1つは物質に固有の光が示す輝線の幅が狭いものである．この両者は，銀河の中心核がドーナツのようなトーラス構造の星間物質に覆われていているため，単に中心部を覗き込む方向が異なっている様子を見ているものと考えられている（図3・16）．

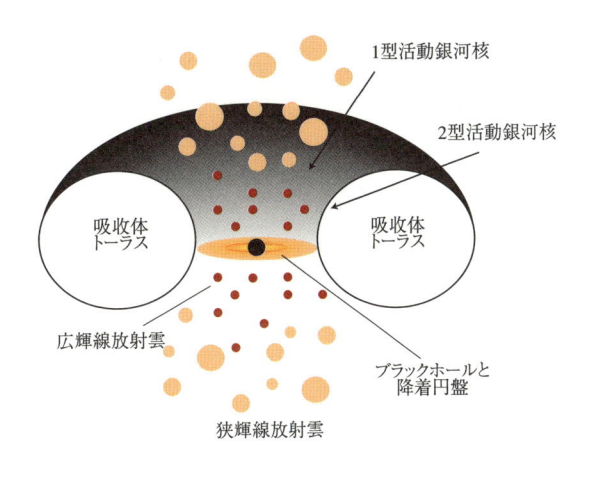

図3・16　セイファート銀河核の統一モデル．
ISASニュース 2002.2 No.251 図34

こういった銀河核と母体となる銀河には何か関係はないのであろうか？ 銀河核が形成されるには，その素となる物質が必要であり，素となる物質が多ければ多いほど大きな中心核が形成されるものと期待される．そうすると，大きなバルジや楕円銀河ほど，重い中心核が形成されていると考えらえる．実際にそのような傾向が観測的に知られている．楕円銀河やバルジの大きさは，それらを構成する恒星の運動の激しさで計られるであろう．なぜなら，恒星の運動

の激しさはそこでの重力の大きさ（質量の大きさ）を反映するからである．よって，恒星の運動の激しさと中心核の質量の間に正の相関が存在するものと予想される．実際にこういった直感は正しいようで，図3・17に示すように，大きなバルジや楕円銀河の方が，重い中心核をもっているのである．

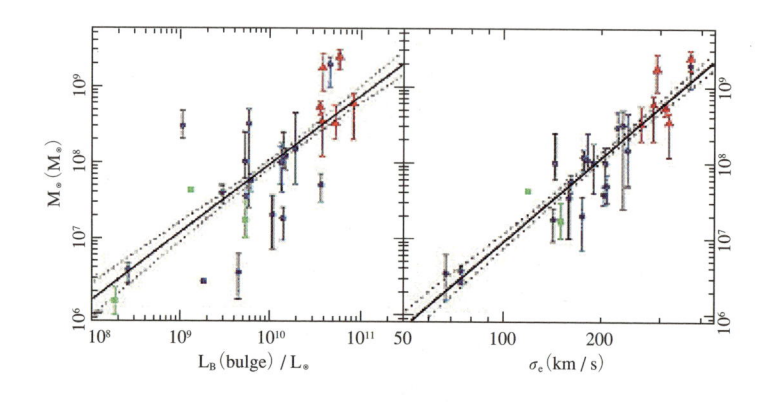

図3・17　ブラックホール質量とバルジおよび楕円銀河を構成する恒星の運動の激しさとの相関．Gebhardt, K. *et al.*, ApJ., vol539, L13, 2000.

さて，クェーサーやセイファート銀河には，電波で明るいものが多数ある．実は，銀河団の真中ほどに鎮座するcD銀河という巨大銀河も電波で明るい銀河の代表格である．このcD銀河は，活動銀河核を保持している場合もあるので特別に区別する必要はないのかもしれないが，その質量の大きさや銀河団の中央付近にあるということから，やはり区別して考えた方がよい銀河であると考えられている．cD銀河のサイズが大きいのは，銀河が合体成長を繰り返してきたからと考えられる．活動銀河核的様子も，cD銀河が他の銀河を飲み込んでいった際に起きるのかもしれない．

　活動銀河核の他に，もう1つ，代表的な，活動性の高い銀河が知られている．それは，爆発的星形成銀河である．これは，銀河全体で星形成が異常に活発に起こっている天体である．あたかも，我々の銀河系のオリオン大星雲（活発な星形成領域の代表）で起こっているような星の誕生が，場合によっては銀河の大部分の領域で起こっているような銀河である．この「爆発的星生

3.3 個性的な銀河たち

成」は，銀河同士の衝突やニアミスで起きると考えられている．例えば，身近な爆発的星形成銀河であるM82はM81との相互作用の結果であると考えられている．銀河という天体が合体成長するものであることを思い出すと，複数の銀河が近場に存在し，お互いに影響を及ぼしあうことには不思議は全くなく，自然なことでさえある．そうすると，いま現在観測される銀河は，多かれ少なかれ，この爆発的星形成の段階を経てきたのであろう．過去の銀河における星形成活動の様子をより詳しく知りたくなる事実の1つでもある．

　本節の前半では，活動性の高い銀河について紹介してきた．次に，もう少し，地味で，普通と思われる銀河の中に，何か特徴のあるものを見ていくことにする．1つ，非常に興味深い銀河を紹介したい．それは，フロッカレント銀河と呼ばれる天体である（図3・18）．フロッカレントとは，むら毛状という意味である．この銀河を眺めてみると，銀河円盤全体に，むら毛状に星間物質が分布していることが分かる．つまり，特に銀河腕などに沿った形で，星間物質の集中は見えないのである．この銀河は，密度波が銀河腕における星形成を誘発することが常識的であるという考え方に疑問を投げかける天体でもある．密度波の影響だけが特に星形成活動に重要というわけではないということを物語っている可能性さえあるのである．

図3・18　フロッカレント銀河．（NASS / STSci）
http://antwrp.gsfc.nasa.gov/apod/ap020403.html

CHAPTER3　多様な個性をもつ銀河たち

いままで，大きな銀河の多様性に関して紹介してきた．ここからは，もう少し小さな銀河である矮小銀河について紹介していく．矮小銀河は，数の上では，標準的な大きさの銀河を圧倒している．ある意味で，矮小銀河こそが普通の銀河であるということさえ可能である．実際，今後の銀河天文学の発展のなかでは，主役の座を射止めていくものと考えられる．

代表的な矮小銀河は，次の4つほどに分類される．矮小銀河は，大きな銀河より，さらに多様な性質を示しているが，まずシンプルな場合分けから，その素性に迫ることは重要であると思われる．その4つとは，記号的に，dE, dSph, dIrr, そしてBCDである．それぞれについて，少し具体的に紹介していく．

まずdEである．dEとは，Dwarf Ellipticalの略で，小さな楕円銀河という意味である．楕円銀河や球状星団のように，古い星から構成されている，ある意味シンプルな銀河だ．質量は，標準的な楕円銀河の100分の1くらいである．球状星団より少し重いだけの，より小さなdEも存在している．では，球状星団とはどのように違うのであろうか？　これは，観測的に区別されているのであるが，見た目の光の中心集中度が異なる天体であることから，その差異が認識される．この光の分布，つまり恒星の空間分布の差は，dEと球状星団の形成機構の差による名残であろう．

次にdSphである．これは，Dwarf spheroidalと呼ばれる，平均的な質量はdEより少し小さい矮小銀河だ．光の銀河中心への集中度は，dEよりさらに小さい天体である．この天体の最大の重要性は，この天体の存在こそが銀河風というプロセスの生きた証拠であることにある．観測的には，質量のわりに，銀河全体が膨らんでいるように見える．この原因は，dSphの形成過程で超新星爆発が起き，dEのようにしっかりと自己重力で束縛した系になる前に，星間物質が吹き飛び，星形成が抑制されてしまったためと考えられる．この事実を最初に指摘した天文学者は斉藤博士である．形成期に超新星爆発が起き，星形成が抑制されたという事実が示唆するように，dSphも星間物質をほとんどもたない矮小銀河である．この意味では，dEの仲間ととらえられる．

では，星間物質がふんだんに存在する矮小銀河はないのであろうか？　それに対応するのが，dIrrと分類されるものだ．この種の矮小銀河は，見た目は非常に歪んだ形状をしている．dEやdSphともこの点で随分異なっている．星間

3.3 個性的な銀河たち

　物質が大量にある原因としては，星形成が周りの環境により活発に起これなかったことと，そして，まだ進化が進んでない銀河であるとの解釈があり，その決着は完全にはついていないと考えられる．もし，まだ進化が進んでいない銀河であるとするならば，dIrrを詳細に調べ上げることで，銀河形成期の物理過程が把握できるであろう．シーラカンスのような，化石天体として，将来的に重要度が高まってくるかもしれない．

　星間物質が豊富にあれば，星形成もそれなりに活発に起きていてもよいような気がする．実際に，星間物質がふんだんにあり，現在，星形成が活発に起きている矮小銀河も存在する．このタイプの矮小銀河はBCDと呼ばれ，これは，Blue compact galaxyの略である．Blueとは，星形成の活発さを表す隠語である．このBCDは，実際，それ自身と同じくらいの大きさの星形成領域と，それを取り囲む大量の星間物質で特徴づけられている．BCDは，ひょっとすると，dIrrとdEの間をとりなす，中間的存在の矮小銀河であるのかもしれない．

　本章の最後に，マゼラン雲について紹介したい．マゼラン雲は，大小マゼラン雲の2つから構成されている，我々に最も近い系外銀河の1つである．しかも，大マゼラン雲（図3・19）では活発な星形成活動が認められ，それは銀河スケールでの星形成機構の理解に重要な役目を果たし得る，貴重な天体でもある．大マゼラン雲は，図3・19で目立っている明るい棒と呼ばれている領域が卓越しているが，実は，その中心は明るい棒領域から外れたところにある．どうして，このような明るい棒領域が生まれたのか，これは興味深い謎である．傍らでペアを組む，小マゼラン雲（図3・20）との相互作用が重要であるのか，そもそも，我々の天の川銀河の影響が大きかったのか，こういったことを考えると楽しくなってくる．今後，大マゼラン雲での，銀河スケールでの星形成機構の理解の進展とともに，この明るい棒構造の謎も解けていくのではないかと期待している．

CHAPTER3 多様な個性をもつ銀河たち

図3・19　大マゼラン雲.（NASA）

図3・20　小マゼラン雲.（NASA）

● COLUMN3 ●

太陽は孤独か？

　我々は、毎日、太陽が昇り沈んで行く様を当たり前かのように観ている。その太陽は、8個の惑星を有して、我々の天の川銀河の中で旅を続けている。それは、あたかも小さな船がたった8人の乗組員で大海原を彷徨っているかのようである。では、果たしてこの小さな船たったそれだけの孤独な存在なのであろうか？晴れわたった夜空を眺めてみると、まさに星の数ほど天空に恒星が存在することが判る。そして、ガリレオ・ガリレイがそれを望遠鏡で覗き見てから、天の川が恒星の集団で我々の属する銀河系を内側から眺めていることを人類は感覚的に把握するようになった。銀河が恒星の集団であることから、我々の太陽にも仲間がかってはいたのであろうと想像できよう。大学の一般公開の折、私は自分の研究分野と関連性の強い恒星の形成過程についての解説をよく行っていた。対象は概ね高校生であった。その際、若い人たちに向け問いかけたことがある。我々の太陽は唯一の存在なのであろうか？　見かけ上、太陽は単独で存在する恒星のように見えるため、太陽の仲間という存在を想像し難い学生が多かったように記憶している。

　さて、現在、国際的な恒星形成研究では、単独星の形成より「星団」形成研究の研究へと力点が移り変わってきつつある。実際、非常に若い恒星や生まれたての恒星を観測してみると、ほとんどの場合、それらは集団で存在している。天文学者は、従前よりこの事実に思いを馳せてきたのであるが、生まれたての星団の観測および数値シミュレーション技術が進歩してきたことで、この野心的な研究の飛躍への機運が高まったのである。いずれにせよ、恒星は星団としてこの世に出現することが普通なのである。これは、兄弟姉妹がいるだけではなく、我々の太陽もそれらと、かつてはお互いに近所に存在していたのである。太陽は決して孤独ではなかったのである。

CHAPTER 4
意外と激しい星間での出来事

4.1　星は生まれる

　恒星の一生を紹介していくにあたり，恒星の形成過程と終末に関して論じていきたい．前半で星形成，後半で超新星爆発に代表される恒星の最後の姿に迫る．ただし，特に恒星の形成過程の方に重点をおく．というのも，キーワードとなる自らの重さに起因する重力，すなわち，自己重力に関して詳細に紹介したいからである．自己重力は天体形成の理解にとって欠かせない概念であるため，その重要さを折に触れて強調していきたい．

　まず，恒星が何処で形成されているのか？　その現場に関して説明していくことにする．恒星は，星間物質のうちでも密度の大きな領域で生まれている．この密度の大きな領域には，一酸化炭素や水素分子など，様々な分子の存在が知られている．主成分は水素分子と考えられている．特に重要なことは，こういった水素分子が主成分である星間物質は，自重で自己同一性を保っていることにある．つまり，自己重力で自分自身を束縛しているのである．こういった天体は分子雲と呼ばれている．その概観を眺めてみよう（図4・1）．特徴

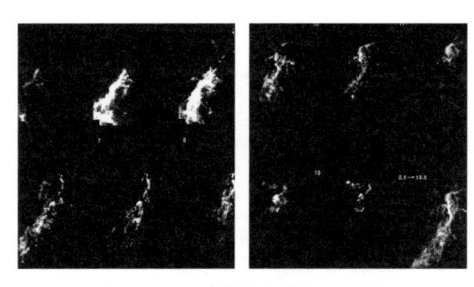

図4・1　一酸化炭素で観た分子雲
（Bally, J. *et al*., 1987）．

CHAPTER4 意外と激しい星間での出来事

的なことは，分子雲はフィラメント構造であることである．決して丸まった雲ではなく，このように，見かけからして複雑な天体なのである．幸い，恒星の形成過程を理解するためには，このフィラメント構造の起源を直接的に把握しなくても，大雑把なところは理解できる．そのためにも，分子雲の内部構造をもう少し詳しくみていくことにしよう．

　分子雲の内部には，さらにもう少し密度の大きい領域が散在している．その分布の様子を眺めてみることにしよう（図4・2）．そうすると，この密度の大きな領域は，分子雲フィラメントに沿う形で，至るところに分布していることが分かる．この少し密度の大きな領域は分子雲コアと呼ばれており，引き続いて説明するように，星形成の直接の現場であると考えられている．先ほど，分子雲は自己重力により自己同一性を保っていると紹介した．この分子雲コアも，分子雲の内部構造ながら，それ自身の重力で束縛されている，自己同一性を有した構造であると考えられている．

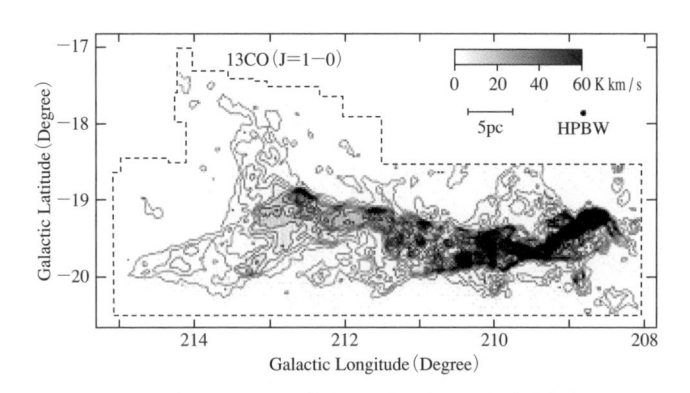

図4・2　分子雲フィラメントに沿って，分子雲コアと呼ばれるクランプ構造が見てとれる（Nagahama, T. *et al.*, 1998）．

　先に述べたように，分子雲コアが星形成の直接的現場と考えられている．では，この分子雲コアでどのように星形成が起こっていくのであろうか？まず，分子雲コア内部で星形成が起きている証拠を示したい（図4・3）．これは，ある分子種でその形状を特定した分子雲コア内部に，赤外線で明るい天体が普遍的に存在していることを意味している．これらの赤外線は，生まれたての星

4.1 星は生まれる

とその周りにある星間塵を含んだガス円盤に起源をもつ．実際，生まれたての星とこの星間塵混じりの円盤からの輻射量を評価すると，赤外線の明るさを説明できることが知られている．さて，ここで重要なことが2つ分かる．それらは，(1) 分子雲コアの内部で確かに星形成は起きている，(2) 分子雲コアのすべてが恒星になるわけではない，ということである．(1) は単純に，分子雲コアの性質や進化を調べ上げることで，星形成過程に迫ることができることを保証しているものである．(2) は少し問題を孕んでいる．なぜ，分子雲コアを構成する分子気体のすべてが恒星にならないのか？ もう少し述べると，そもそも恒星の質量はどのようにして決まるのか？ という疑問に到達するからである．

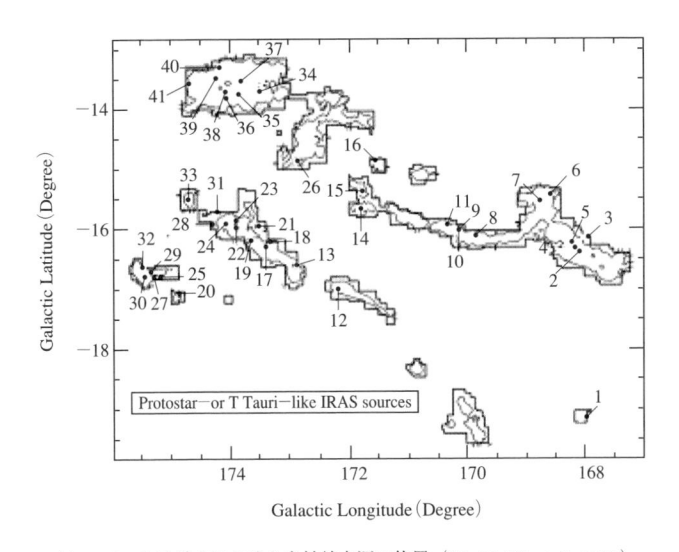

図4・3 分子雲中における赤外線点源の位置 (Ohnishi, T. *et al.*, 1998)．

先に (2) について詳しく考えてみたい．分子雲コアは自己重力で自分自身を支えている天体であるので，それ自体は徐々にでも収縮する傾向にある．ここで問題は，自己重力により分子雲コアの全体がなぜ収縮しきらないか？ となる．この疑問に答えるため，自己重力の性質のうち，最も重要なポイントを1つだけ紹介しておきたい．自己重力とは読んで字の如し，自重に起源をもつ

CHAPTER4　意外と激しい星間での出来事

重力である．では，自重はどのように特徴づけられるのであろうか？　もちろん，その天体の質量で特徴づけられるわけではあるが，ここでは，分子雲コアの内部構造をもう少し意識してみる．分子雲コアを構成する物質の密度分布を考えてみることにしよう．なぜかというと，場所ごとの自己重力の強さは，場所周辺の密度分布によって定まるからである．

　分子雲コアは自己重力的な天体である．自己重力的な天体が，自己同一性をもつということは，自己重力による収縮を何らかの物理過程がゆるやかに抑制し，徐々に進化することを意味する．何らかの物理過程とは，ここでは簡単のため，分子気体に起源をもつ圧力と仮定する．自己重力が圧力勾配に起源をもつ力とバランスをとると，その気体の構造は，自己重力の深いところで気体密度が一番大きくなっている．よって，自己重力的に自己同一性を有すると，決して，一様な構造にはならないことがまず分かる．逆に考えると，密度の大きい領域はごく自然に分子雲コア内に生まれ，その密度の大きい領域はその他の領域に比べて速やかに進化するのである．この結果，分子雲コアの中心付近で自己重力収縮がより速やかに起こり，分子雲コア全体が収縮しきってしまう前に，恒星の形成が可能となるのである．

　次に，さかのぼって先の（1）の点をもう少し詳しく考えてみることにしよう．観測的に分子雲コアの進化をどのように追跡するかについて紹介することにする．前提として知っておいてもらいたいことがある．一口に分子雲コアといっても，実は，分子雲コアの観測的同定に用いる分子によって，見かけの分子雲コアの様子は異なって見えるということである（図4・4）．これは，分子の多少により，どこまで分子雲コアの奥底を探査できるかが異なるからである．選択した分子種ごとに定義される，ある種の表面の位置に差異が生じているのである．ある種の表面とは，観測する視線方向に存在する分子量が規定値に達するかどうかで定まっている．つまり，進化を追跡する化学物質が多いとその表面は外側に位置し，少ない化学物質の表面はより内側に存在することになるのである．いずれにしても，様々な分子の分布を探査することで，分子雲コアの構造が観測的に議論できるのである．少ない量の化学物質分布の表面が内側に存在する理由の理解にも，自己重力の効果が重要である．分子雲コアの構造を確認してみよう．分子雲コアは自己重力的天体なので，そ

4.1 星は生まれる

の内部構造は決して一様ではない．分子雲コアの奥深いところの方が，分子気体の密度が大きくなっている．つまり，自己重力による収縮は，内部密度の上昇を促し，観測方向の分子の量を十分豊富にするため，微量な分子種分布の表面の位置を内側とさせているのである．

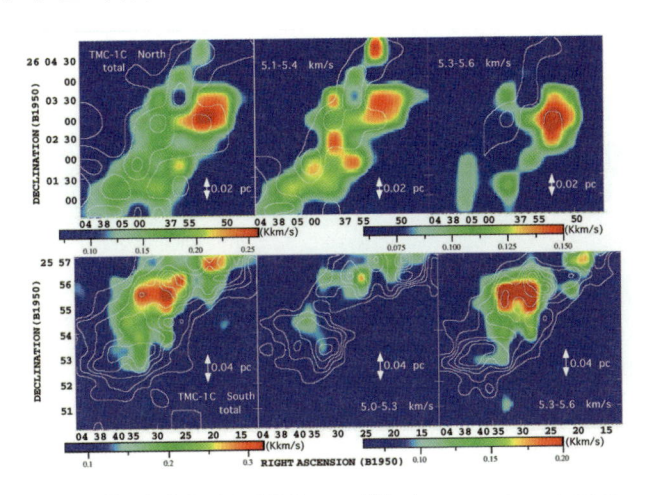

図4・4 様々な分子で探る分子雲コアの構造（Takakuwa, S. *et al.*, 1998）．

さて，分子雲の主成分は水素分子である．もちろん，分子雲コアの主成分も水素分子である．しかし実は，分子雲を構成している水素分子はきちんと検出されていない．実際の分子雲は，一酸化炭素の分布が本当の分子雲の表面を検出しているとの仮定のもと，観測的に認識されているのである．極端なことを言うと，一酸化炭素分子の空間分布と水素分子の空間部分が完全に一致しているかどうかに関して，観測的な完全決着は得られていないのである．

それでも，水素分子の重要性は変わらない．興味深いことに，実際に恒星が形成されるその中途過程でも水素分子は重要な役目を果たしているのである．分子雲コアの内部で，密度の大きい領域が自己重力によりどんどん収縮し，その周りの水素分子気体も飲み込んでいく．しかし，いつまでも収縮できるかというと，決してそうではない．収縮が進むと，収縮中に獲得した重力エネルギーが熱エネルギーとして蓄えられることになる．あまり密度が高くないときは，適当な分子や星間塵に重力エネルギーが吸収され，適当な光子エネ

ルギーとして再放射することで，エネルギー収支を調整する．いわゆる，輻射による冷却が働くのである．この輻射冷却も密度がどんどん大きくなると有効に働かなくなってしまう．そこで登場するのが，水素分子である．水素分子は，温度が高くなると分解し水素原子となる．この分解過程には，解離が起きるためのエネルギーがもちろん必要である．こういった過程を，吸熱反応というが，吸熱が輻射冷却の代わりをするのである．このように，水素分子の存在は，それがどこにどのくらい分布しているのかは完全に把握できていないにしても，恒星の形成過程で非常に重要な役割を果たしているのである．

恒星形成過程の様子を，観測結果を紹介することで順に紹介していきたい．まず，観測量を把握するための準備をしよう．分子雲コアの内部に赤外線点源が存在したことを思い出して欲しい．この赤外線がキーワードとなる．赤外線観測のデータを解釈するとき，その明るさはもちろん重要な観測量だが，「波長ごとの明るさ」からより深い情報が手に入る．波長ごとのデータを取得する観測を分光観測と呼ぶ．「光」を各波長成分に「分解」して観測するのである．短い波長側はだいたい温度が高い情報を，長い波長はより低温の情報を与えてくれる．さて，観測結果の模式図を図4・5に示す．実際の観測データは，残念ながらもう少しギザギザした見た目になっている．上から順番に，クラスⅠ，クラスⅡ，クラスⅢと分類されている．それぞれのクラス分けは，長い波長に向けて波長ごとの明るさがどの程度変化するかによって決められている．純粋に観測的に決定しているのである．しかし，この大雑把な傾きには意味がある．短い波長側は生まれつつある恒星の情報を反映し，

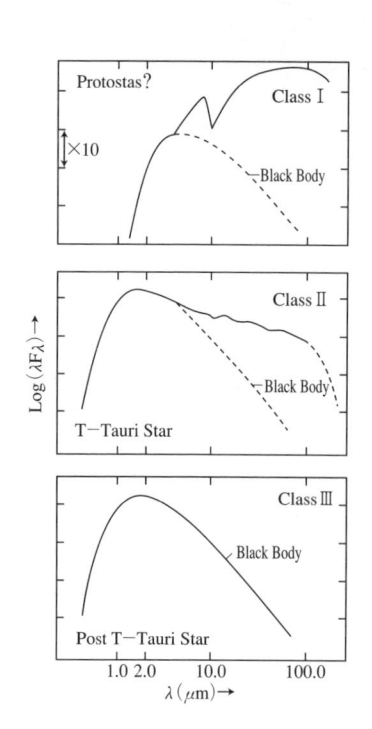

図4・5　赤外線観測による原始星天体の分類（Lada,C., 1987）．

4.1 星は生まれる

長い波長側は将来惑星系となる原始惑星系円盤の情報を担っているのである．クラス I から III に向かって進化が進んでいると解釈されているが，それは，図に例示しているように，原始惑星系円盤起源の赤外線進化の様子を示唆しているからである．分子雲コアの内部で，恒星は確かに形成されているが，その周りの円盤の進化にも，我々人類は迫ろうとしているのである．

ふと疑問に思うのは，クラス I の前段階，まだ恒星がほとんど生まれていないときはどのように見えるか？ ということである．これは，クラス0として最近では大別されている．クラス0では，まだ赤外線で明るい恒星の素は十分に形成されていないと考えられている（図4・6）．ただ，その恒星の中心がまさに形成しようとしている段階にあるので，その周りにはすでにガス円盤もしくは，ガストーラス（ドーナツ状の円盤）が存在していると思われている．このすぐ後に紹介するが，こういった円盤やトーラスが存在すると，その円盤面垂直方向に，ジェットやアウトフローという，外向きの気流が発生することが自然に期待される．このクラス0には，よって，目立った赤外線点源は見当たらないものの，こういったジェットやアウトフローによって，分子雲コアを構成する分子気体が非常に乱されていることが期待でき，実際にそれらは観測的に検出されているのである．

恒星形成に関して重要となるある効果に関しても紹介しておきたい．恒星の

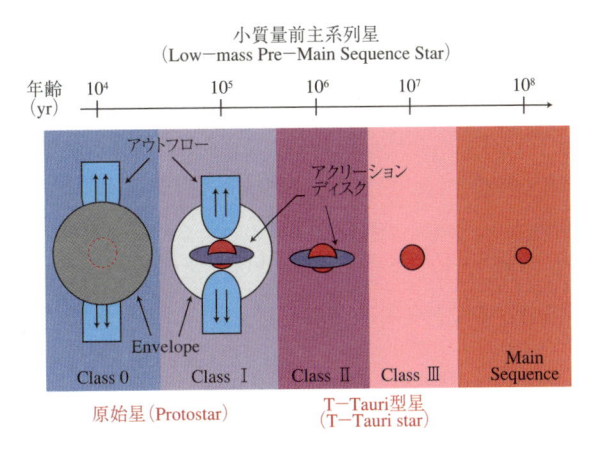

図4・6 クラス0天体の概念図と原始星の進化過程．
（今西健介氏ホームページより引用改変）

形成を大雑把に眺めてきたのであるが，実は，最大の困難を敢えて避けて説明していたのである．その困難は角運動量の問題として知られている．角運動量とは，我々の生活の実感では，遠心力として感じるものである．乗用車や電車がカーブするときに，外側に飛ばされそうな感じを受ける．恒星形成でも同様な問題があり，少しでも分子雲コアが回転しているならば，遠心力が働くため，最終的に分子ガスが恒星形成までたどり着けないという危惧がある．「角運動量バリアーが存在する」と標語的にまとめられよう．実際には，恒星は無数に存在しているのであるから，この角運動量バリアーを乗り越えて星々は生まれてきているはずである．よって，角運動量をどのようにして逃がしてあげるかを説明しなければならないのである．この問題は，古典的で大まかな解決策も多様に検討されている．ここでは，角運動量問題を解決するために磁場が重要な働きを担っている可能性があることを紹介したい．

　分子雲や分子雲コアにはマイクロガウス程度かそれ以上の磁場が存在していることが知られている．星形成が進むとき，この磁場は原始星およびその周辺に多かれ少なかれ巻き込まれていく．そうすると，特に，原始惑星系円盤は磁場に貫かれて存在しているという印象をもつに至る．実際に，きれいに円盤が磁場に貫かれているかどうかは未知であるが，最初の簡単な近似としてはよいであろう．さて，円盤は回転しているので，貫いている磁場を捻ることになる．捻られた磁場は，磁気張力により元に戻ろうとするのであるが，円盤は引き続き回転しているので，磁力線に沿って円盤上空に捻られた乱れは伝播していくことになる．円盤の回転だけではなく，円盤から原始星への質量降着の際にも同様なことが起きるべきである．ここで，角運動量問題を思い出して欲しい．円盤が磁場を捻るとは，円盤の角運動量が磁場に伝播したことを意味する．この撹乱が磁場に沿って上空へ逃げるということは，磁場が獲得してしまった角運動量を上空に逃がしてあげていることを意味する．円盤上空にも分子気体は存在しているので，磁場が運んだ角運動量は，今度は周囲の分子ガスとともに上空へ伝播することとなる．同時に，円盤面に垂直方向にアウトフローが形成されることになる．時にそれはジェットとして観測されることになる．いずれにしても，角運動量問題の解決やジェットの起源にも，磁場は非常に重要な役割を果たしているのである（図4・7）．

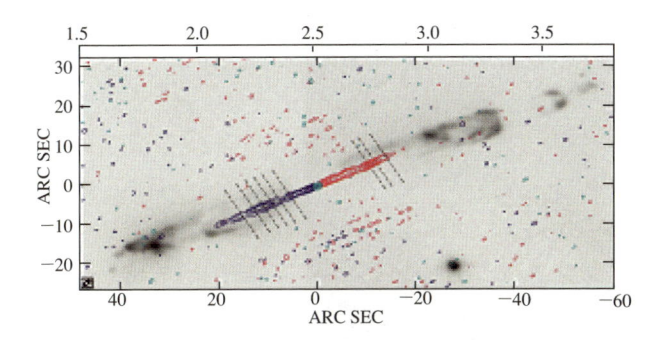

図4・7　形成中の原始星周りから流れ出るアウトフロー（Hirano, N. *et al.*, 2006）．

　最後に，いつ，原始星は恒星として輝き出すかについて述べたい．分子雲コア中ではどんどん自己重力収縮が進んでいく．水素分子の解離の助けを受けて，さらに収縮可能となるのであるが，この段階では特にエネルギーが外部へ輻射として脱出することはあまりない．水素分子の解離に利用されたとしても，内部エネルギーとして蓄えられ続けていくのである．最後に，1000万K程度の高温に達したとき，水素同士の衝突による核融合が起こり，いまの太陽のような恒星が誕生することになるのである．

4.2　恒星の終末

　前の節では恒星の形成過程について紹介した．一転ここでは，恒星の最期の姿に関してみていきたい．恒星の一生を話す前に，恒星の最期を考えることに違和感をもつ読者もいるかもしれない．しかし，次の節で論じる銀河スケールの現象を把握するためには，どうしても先に恒星の終末期の様子を紹介しておく必要があるのである．本書では，大きなスケールから小さなスケールへ，宇宙の一生，すなわち，宇宙が生まれてから惑星系の誕生を追うというコンセプトをもっている．その一環であるものと思っていただきたい．

　恒星はその質量に応じて，様々な人生の終末を迎える．質量が太陽質量よりも小さいものは，その寿命は現在の宇宙の年齢よりも長くなる場合があり，理論的にその終末は議論されているものの，観測的な検証は常識的には困難を極める．太陽質量程度の恒星は，進化の過程でそのコアは白色矮星という

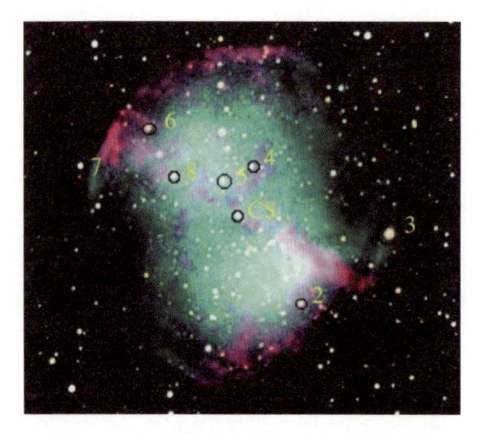

CHAPTER4　意外と激しい星間での出来事

図4・8　惑星状星雲（Benedict, G. *et al.*, 2003）.

とてもコンパクトな天体に変貌を遂げる．もとあった大気は惑星状星雲として星間に放出される（図4・8）．太陽質量以上の中間的，もしくは大質量星の最期の姿が超新星である．超新星爆発は，先ほど少しだけ紹介した白色矮星と通常の恒星の連星系が進化する場合にも生じ得る．連星系を成している恒星の大気が白色矮星に降り積もり，白色矮星がその加重のために重力に抗うことができずに潰れる際に，超新星となるのである．また，重力波放出により，白色矮星同士の連星が合体するときにも超新星爆発が起きる場合もあるかもしれない．重力波とは，時空の揺らぎが，光のように波として伝播していく現象である．時空の揺らぎが波として伝播するからには，その揺らぎを引き起こした連星の回転エネルギーが，その分減少することになるからである．

　まず簡単に超新星の分類を記号的に行う（図4・9）．分類としては，大まかにⅠ型とⅡ型に分かれる．これはそれぞれ，超新星爆発時の水素原子の有無に対応している．Ⅰ型が水素原子なし，Ⅱ型がありである．単純に，観測的に水素の兆候を示す情報が獲得できるかどうかで場合分けしているのである．さらにⅠ型は，Ia，Ib，Icと細分化されている．それぞれ，特徴的な原子核の有無から場合分けされており，純粋に観測的なものである．これらの観測的解釈を簡単にまとめておく．Ia型は白色矮星などが連星系を成していて，白色矮星への質量降着のため，自重を支えきれなくなり起こると解釈されている．IbとIcもやはり水素

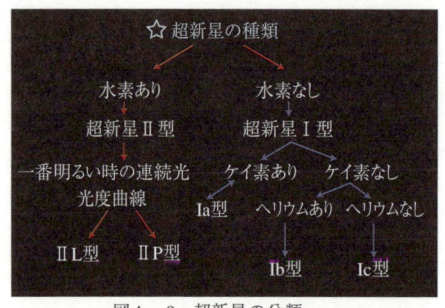

図4・9　超新星の分類.

4.2 恒星の終末

欠乏な超新星であるが，Ia とは少し異なっている．これらは，恒星の進化段階で，水素を大量に含んだ大気が，恒星風などにより吹き飛ばされた，重い星のコアが裸になった段階で起きる超新星と思われているのである．いずれにしても，水素の痕跡がないといっても，連星系の進化としての超新星ではないことを伝えておきたいと思う．残ったII型であるが，これが，通常多くの人がイメージする，大質量星の末路としての超新星爆発である．超新星といっても，このように，いくつかの起源が考えられるのであるが，紙面の都合上，単独星の進化の果てとしての超新星を考えることにする．

　超新星爆発はなぜ起こるのであろうか？ 恒星が進化を続けると，水素やヘリウム，その他の元素が核融合反応を起こして，反応後の生成元素は恒星の内部，奥底に溜まっていく．どんどん核融合反応が進んでいくうちに，この溜まっていったものが自重に耐え切れずに，重力的に陥没するときが最終的にやってくる．このときに，超新星爆発が起きるのである．陥没するときに，近年ノーベル賞受賞対象として話題となったニュートリノが重要な役割を果たすと考えられている．重力的に陥没する際，大量のニュートリノが生成され，それらが陥没領域に陥落してくる恒星大気を温めることになる．温まった恒星大気は，一転，膨張に転じ，我々はそれを超新星として観測することになるのである．ニュートリノはほとんど質量がない素粒子と言われているが，意外と派手な活躍をする場合あることを強調しておきたい．

　超新星はどのように観測的特徴づけられるのであろうか？ 光度曲線から考えてみたいと思う．光度曲線とは，時刻ごとの明るさの変化を観測した結果のことである．図4・10がその光度曲線であるが，この図に示したように，一口で超新星の光度曲線といっても多彩であることが分かる．Ia, Ibといった符号は先ほど紹介したものと一緒である．II型に関しては，LやPといった添え字が付けられている．これらは，超新星が最大の明るさに到達したのち，単純に真っ直ぐ明るさが減じていく場合（L型）と一度光の減少が停滞する時期がある場合（P型）との分類である．単純に，光度曲線の性質をLもしくはPという記号で種類分けしている．ところで，この図の横軸は日数であるが，縦軸は等級である．等級とは，大雑把に考えて，明るさを対数目盛りで測ったものである．よって，この図で直線になるということは指数関数的に明るさが減

89

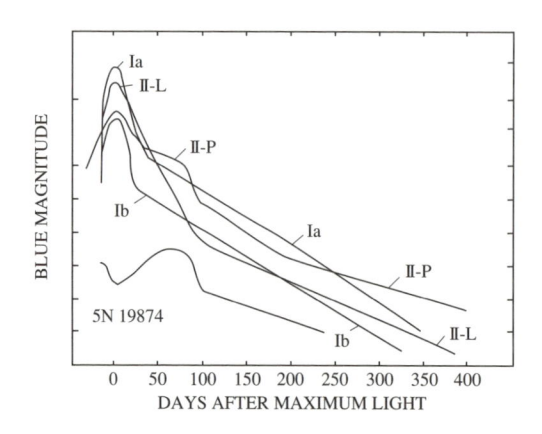

CHAPTER4　意外と激しい星間での出来事

図4・10　超新星の光度曲線.

じていることを意味する．指数的に減じるということは，人間の直感的表現に翻訳すると，あっという間に暗くなることに対応する．光度曲線の最大値は，もちろん，恒星の中心で起きた爆発がようやく我々から見える表面に達し，一気にエネルギー解放を行ったことを意味している．

超新星爆発の痕跡は観測されていないのであろうか？それは，文字通り超新星残骸として検出されている（図4・11）．この超新星残骸は主に電波で認識されてきたが，中性水素やX線による観測も盛んに行われている．特にX線は透過力が強く，最近では，いままで見過ごされてきた超新星残骸の発見に威力を発揮している．ここでは，超新星残骸の重要さを述べておきたい．残骸というと，残り粕のような印象を与え，あまり重要ではないと思われてしまうかもしれない．銀河の進化の理解で重要となる重元素汚染を思い出して欲しい．重元素の起源は，あくまでも恒星内部での核融合反応が主なものである．核融合反応の結果生まれた重元素は，どのようにして銀河の内部に拡散していくのであろうか？　その拡散の初期過程が超新星残骸としての，星間空間の伝播過程なのである．このため，超新星残骸がどの程度存在し，それらがどのように広がっていき，最終的に星間物質と混合

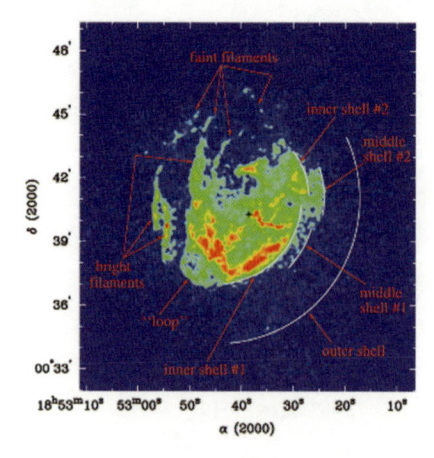

図4・11　超新星残骸のX線像
（Sun, M. *et al.*, 2004）．

4.2 恒星の終末

するという一連の過程を理解することは基本となる．超新星残骸の構成要素，特にどのような原子核がどのくらい含まれているかを把握することは，銀河や星間物質の進化の土台をつくることになるため，その重要性は強調されるべきである．

　しかも，その膨張過程は単純ではない．研究の初期段階では，単純化のため球対称を仮定し，球対称殻の膨張則の理解にその重点があった．しかし，図4・11に示すように，超新星残骸は決して完全な球対称ではないのである．その非球対称の起源としては，爆発時の非一様性が重要であるのか，星間物質の非一様性が重要であるのか，そもそも動的殻が球のまま膨張できない代物なのか？　様々な観点から議論が進められつつある．こういった複雑な形態の理解には，数値シミュレーションが重要な役割を果たすとして，実際，盛んに研究が進められている．

　超新星爆発が起きた後，その痕跡の1つは俗に言う超新星残骸であった．その他の痕跡はないのであろうか？　超新星残骸は恒星のサイズに比べると大きなスケールでの痕跡である．逆に，恒星のサイズより小さい場合に注意を払ってみよう．そのコンパクトな痕跡とは，実は，中性子星やブラックホールのことである．電波やX線などで，パルサーという天体が検出されている．時計のように規則正しく，我々に信号を送ってくる天体であり，実態は中性子星である．このパルサーやブラックホールの形成自体も非常に興味深いのであるが，話が込み入ってくる．そのため，同じシリーズですでに出版されているので，詳しくはそれらに譲りたい（当シリーズvol. 5，6，7参照）．

　この超新星爆発とは，一体どのくらいの割合で発生するのであろうか？　歴史的記録に残されている超新星の発生頻度をみてみると，我々の銀河では数百年に1回程度となる．しかし，これは我々の太陽系から直接見える超新星のみを数え上げたことに相当する．実際には，我々の太陽から銀河中央に対して反対側でも，我々には見えなかった超新星爆発が起きていたはずである．つまり，2倍ほど発生頻度は大きかったものと思われる．さらに，歴史的に記録の残る超新星を数えるだけではなく，もう少し過去までさかのぼって超新星発生率を評価してみよう．利用できるのは，超新星の痕跡で，その痕跡を数え上げることから超新星発生頻度を推定するのである．この痕跡とは，先ほど紹

介した超新星残骸である．超新星残骸の年齢は，膨張の法則を理論化する必要はあるが，そのサイズから推定できる．結果として，超新星残骸の年齢から超新星発生時期を推定し，あとは，超新星残骸の個数を数え上げることからその頻度が得られる．現在では，およそ100年に1個ほど，我々の銀河では超新星爆発が起きているのではないかと期待されている．ちなみに，中性子星の形成率は，超新星発生率と大体同じであることが知られている．この意味では，超新星爆発の残存天体としては中性子星が主なものなのかもしれない．より重い恒星の進化の終着点であるブラックホールの形成率はもう少し小さいであろう．

この10年，宇宙で最大の爆発現象として知られるガンマ線バースト（図4・12）の研究が精力的に行われている．そのガンマ線バースト超新星の関連を簡単に紹介して，この節を閉じようと思う．ガンマ線バーストとは，読んで字のごとくなのであるが，ガンマ線で明るく輝く突発的現象である．地球からでも1日に1つくらいの割合で観測できる，ある意味でごくありふれた天体現象でもある．しかし，その正体は長い間謎に隠されてきた．幸い，ここ数年，ガンマ線バーストの残光の情報から様々なことが分かってきた．まず，残光の波長ごとの明るさを調べてみると，結構遠方の銀河に属していることが分かった．残光に記録されているある原子核を特徴づける吸収のドップラー偏移が，ガンマ線バーストが起こった方向にある銀河の後退速度程度であったのである．つまり，ガンマ線バーストは系外銀河の中で起こったことが分かったのである．その後，ガンマ線バーストと時をほぼ同じくして超新星が検出された．この結果，実は，ガンマ線バーストと超新星爆発は深く関連しているものであると信じられるようになってきたのである．ちなみに，ガンマ線バーストに付随する超新星の型はIcとされている．大質量星の末路がガンマ線バーストであると結論づけられる日も近いかもしれない．このように，ガンマ線バーストと超新星が関連づけられると，ガンマ線バーストは非常に明るいため，ずっと遠方の大質量形成率を議論したくなる．実際，現在では，ガンマ線バーストそのものの正体をより確実に理解するための努力がなされることに加えて，それをどのように応用していくかという研究も盛んに行われている．中性子星同士の合体による起源の可能性も示唆されていることを付記しておく．

4.3 星間物質の大循環

図4・12 ガンマ線バーストの残光の光学イメージ（左）．右は，白四角内部の拡大イメージ．上にたなびいているのはガンマ線バーストが起こった系外銀河，明らかな点光源がガンマ線バーストの残光である．

4.3 星間物質の大循環

　星と銀河を結ぶものは何であろうか？ 我々が直接，我々の目で見ることのできる銀河は，星の大集団として見える．一番身近と思われるのが，実は天に流れる天の川，つまり我々の銀河である．天の川は我々の銀河を構成する星々なのである．しかし，我々の銀河は恒星のみから成り立っているのであろうか？ 最近，よく耳にするように，銀河全体を眺めるならば，暗黒物質という未知の粒子で銀河は満ち溢れていることにさえなる．ここでは，銀河全体というより，特に渦状銀河の円盤部に着目したい．疑問を少し整理し，「我々の銀河の円盤を構成しているものは何か？」と定式化しよう．これへの解答は，恒星と星間物質ということになる．星間物質という言葉は，ひょっとすると耳慣れないかもしれないが，例えば恒星が星間物質の重力収縮の結果誕生することを思えば，星形成のみならず銀河の進化にも非常に重要な銀河の構成要素であることを想像してもらえるはずである．本節では，この星間物質に関して少し詳しく紹介していきたい．

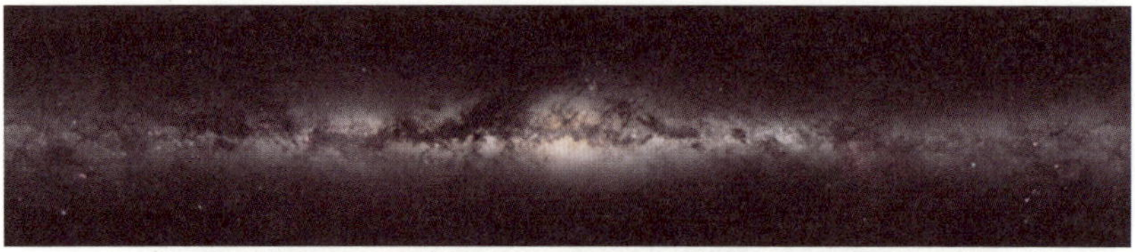

CHAPTER4　意外と激しい星間での出来事

図4・13　天の川．

　星間物質とは，読んで字のごとく，恒星間を満たしている物質で，その主たる成分は水素分子，水素もしくは水素イオンである．恒星間の状態をしばしば真空として様々な論説が展開されることがあるが，実は，恒星間は星間物質という，ある意味で普通の物質が満ち満ちているのである．ただ，その密度が非常に小さいため，近似的に真空と見なす場合があるということだけである．どのくらい小さいかというと，地上で実現可能などのような状況よりも小さいガス密度となっているのである．星間物質が存在するということは，我々の地球と太陽または他の惑星との間も，真の真空ではないと予想させる．それは全くその通りで，我々の太陽系の内部も決して真空ではなく，非常に希薄な気体で満たされているのである．太陽系内のこの希薄な気体は，惑星系内物質としばしば呼ばれることがある．惑星系内物質のダイナミクスは，実は，我々の太陽の活動現象と結びついており，それ自体，非常に興味深い現象である．今後，その諸性質が宇宙の天気予報などと結びついて論じられるであろう．

　星間物質の話に戻りたいと思う．先ほど，恒星間は星間物質で満たされていると紹介した．では，その星間物質は恒星間に一様に存在しているのであろうか？　この疑問への答えはノーである．銀河について紹介したときにも触れたが，円盤状の銀河はきれいな渦状模様を呈している場合がある．それは，もちろん，恒星の分布が渦状に，ある意味で乱れているからである．星間物質も，銀河腕を形作る恒星の重力に引かれ，大まかには銀河腕に沿って多く存在している（図4・14）．しかし，それだけではないのである．銀河腕の星間物質分布を観測すると，確かに銀河腕に多くの星間物質が集まっているように見えるが，よく観察すると，銀河腕に沿ってぶつぶつ状の雲に分裂している

4.3 星間物質の大循環

ように見える．特に，一酸化炭素という分子が銀河腕に分布している様子を探ってみるとよく分かる（図4・15）．ちなみに，一酸化炭素によって検出される星間雲を特に分子雲と呼んでいる．その存在は，星形成の直接の現場であることから，天文学的に非常に重要なものである．いずれにしても，星間物質は，銀河円盤内で「非一様」に分布しているのである．

図4・14　M51．
http://hubblesite.org/newscenter/newsdesk/
archive/releases/2001/10/

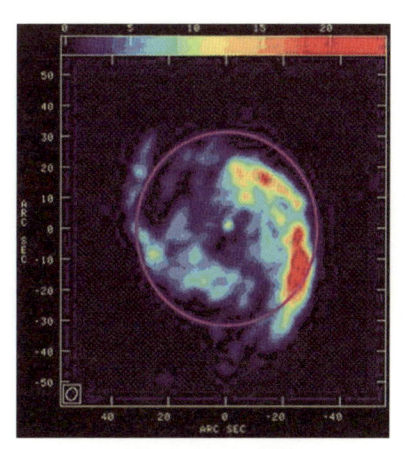

図4・15　銀河の分子線像
（Sakamoto, K. *et al*., 1999）．

　この星間物質分布の非一様性は，その事実自体が，星間物質とは決して単一な成分から構成されているわけではないことを物語っている．ここで，主な星間物質の種類をまとめてみたい．温度の小さい方から紹介していくと，分子雲，中性水素が主な成分（冷たい成分），中性水素とイオン化水素が主で温度が1万K程度以下の成分（暖かい成分），コロナ成分という非常に高温なイオン化水素の成分となる．これらの成分間にはどのような関連があるのであろうか？　全体的な傾向は図4・16に表される．図4・16の横軸は密度，縦軸は温度に相当する．図中に引かれた線は，ある圧力一定の状態を表現している．そうすると，結構ばらばらに各成分は存在しているように見えるが，分子雲を除いた星間物質の諸相は，おおまかに圧力平衡に存在しているように見える．これが星間物質の大域的性質を特徴づける最大の性質である．分子雲が圧力平

CHAPTER4　意外と激しい星間での出来事

衡から大きく外れているのは，分子雲の力学的特長が反映しているからである．その力学的特徴とは，分子雲が自らの重力で自己同一性を獲得していることに起因している．また，暖かい成分のうちでも，圧力平衡状態から大きく外れている成分を見て取ることができる．これは，生まれたての星が分子雲を暖めた結果，急激に分子ガスの温度が上がる結果，一部が膨張を始めていることを意味している．

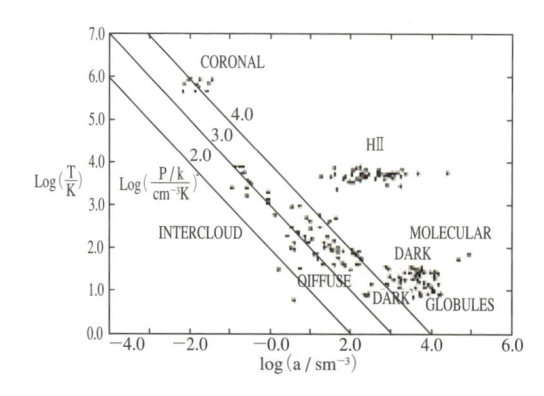

図4・16　Myers, P. (1978) による星間物質の大域的性質を現した図．

以上の星間物質の諸相を踏まえて，まず恒星の形成に関わる分子雲に着目してみよう．分子雲は，まさに星形成の現場である（図4・17）．前節に紹介したように，一酸化炭素の空間分布を観測してみると，分子雲はフィラメント状の構造をしていることが分かった．そのフィラメントには分子雲の中でもさらに密度の大きい部位があり，そこで星形成が起きている．これは，明らかに分子雲が星形成の直接の現場であることを示している．銀河の進化，すなわち星形成史などを考えるとき，こういった意味で，分子雲がいつ，どこで，どのくらい形成されるのかを理解しなければならないことが分かるであろう．

図4・17　オリオン座星雲で恒星が生まれている．

ところが実は，分子雲の銀河円盤

4.3 星間物質の大循環

領域に占める体積はさほど大きくない．この意味で，分子雲は星間物質の主成分とは言い切れない部分がある．では，体積的な意味での星間物質の主成分は何なのであろうか？ その様子を図4・18に示したい．これは，中性水素を特徴づける電波の輝線を観測して作られた中性水素分布の様子である．このように，銀河円盤の主成分の1つは中性水素ということになる．この事実は，銀河の構造を把握しようとするときに，強い示唆を与える．つまり，中性水素の空間分布を探査することから，銀河円盤に星間物質が，どこにどの程度あるのか，大雑把に理解できることを意味するのである．特に，系外銀河で，円盤面を我々に向けている渦状銀河の中性水素分布からは，銀河の進化自体の理解に対して大きな示唆が得られることになる．

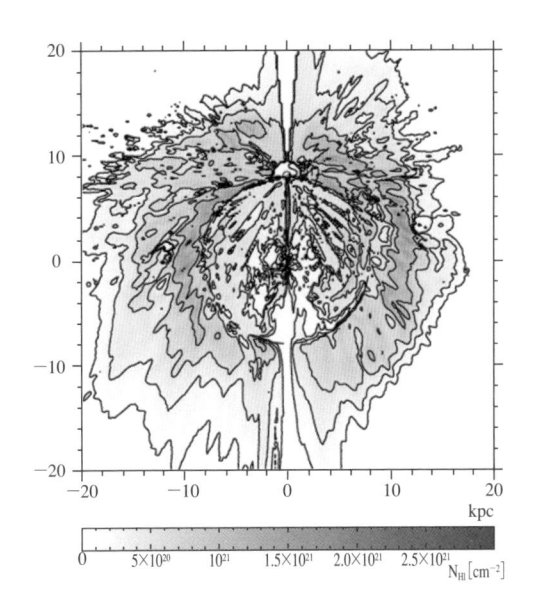

図4・18 天の川銀河を上から見た中性水素の空間分布像
(Nakanishi,H and Sofue,Y. 2003).

CHAPTER4 意外と激しい星間での出来事

次に，コロナガス成分を考えてみよう．コロナガス成分は，非常に温度が高いので，ほぼ水素は完全にイオン化されていると考えても問題はない．しかし，一体どうしてこのような高温の星間物質が存在しているのであろうか？その起源は，質量の大きな恒星の進化と関連づけて理解されている．そう，超新星爆発である．超新星爆発により，膨大なエネルギーが解放されることになる．そのエネルギーを元にして，一部の星間物質はコロナガスへと加熱されていくのである．逆に，このコロナガスの存在は，恒星の終末期と直接関連するために，銀河の進化の理解に重要であると想像される．特に，我々の銀河より小さい矮小銀河の進化を考えるときには非常に重要であろうと考えられる．なぜかというと，超新星爆発時に解放されるエネルギーの大きさは，それが数個分で，矮小銀河の重力エネルギーと大体同じだからである．もし，矮小銀河で継続的な星形成活動を期待するならば，超新星爆発により生じたコロナガスが，再び冷却し，最終的に分子雲まで到達する必要がある．これは，後ほど改めて紹介するが，星間物質の大循環を把握することが，銀河の進化の解明にはポイントとなってくることをも示唆しているのである．

さて，星間物質とは果たして気体だけなのであろうか？天の川を観たことのある人は，天の川の中に星があまりない暗い領域が存在していることを知っているであろう．実際に，我々の銀河を横から見ると図4・13のように，銀河面中央付近で，星が隠されて見えない領域があった．この原因は何なのであろうか？実は，星間物質の成分のなかに星間塵というものがある．星の明かりを遮っているのは，この星間塵なのである．この星間塵は，光を遮ることから，実際に恒星を観測する際には非常な困難をもたらしている．一見ありがたくないものである．しかし，惑星系形成のところで強調することになるが，この星間塵こそ，惑星の素なのである．我々の地球さえ，星間物質の1つの成分である星間塵の集積の結果，誕生しているのだ．このように，星間物質とは，銀河の進化や星形成の理解に重要な天体であるばかりではなく，惑星系形成やその結果の生命の誕生にとっても基本的な天体なのである．密度が薄いからといって，星間物質の存在が軽視できない理由はここにもあるのだ．

星間物質の性質を理解することが，如何に重要であるかを紹介してきた．次の疑問は，星間空間はそこを満たしている星間物質の諸相を理解するだけで十

4.3 星間物質の大循環

分であろうか？である．そこで，話を簡単にするために，銀河円盤に対して垂直方向の星間物質の分布を考えてみることにしよう．暖かい星間物質のうち，イオン成分は，銀河面中央から1000パーセク程度に，主に分布していることが知られている．この分布を可能にしている物理的原因は何なのであろうか？もちろん，圧力で支えられているということが正解ではある．しかし，その圧力に寄与しているのが，星間物質だけであるかどうかが問題となる．実際には，星間物質の圧力だけでは，この厚い円盤の存在を説明するには不十分である．では，何が圧力を及ぼしているのであろうか？実は，星間空間は，平均的な熱エネルギーと同等程度に相当する磁場が存在しているのである．この磁場がこの厚いガス円盤の構造を支える役割を果たしているのである．また，厚い円盤の構造を維持するためには，宇宙線という高エネルギー粒子も重要な役割を果たしていると信じられている．本章では，あまり強調しなかったが，この宇宙線はエネルギー的には，磁場と同程度に星間物質の主成分たる可能性を有している．

水素イオンが1000パーセクもの厚さをもつ円盤として存在することを前提として議論してみたが，そもそもこの1000パーセクとはどのように定められたのであろうか？少し込み入った話ではあるが，基礎的研究の様子を伝えられる機会かと思い，紹介する．この1000パーセクという値の決定に重要な役割を果たした天文学者はレイノルズ博士である．そこで，博士の業績を称え，しばしばこの1000パーセクほどの厚さをもつイオン化水素層はレイノルズ層と呼ばれている．1989年の博士の論文では，距離の判る球状星団中のパルサーを利用している．パルサーまでの距離が分かっていると，パルサー起源の電波を波長ごとに観測することで，パルサー方向の電子の密度が判る．電子は，水素以外からも供給されるはずであるが，星間物質のほとんどは水素である．よって，この電子密度から水素イオンの数密度が評価される．こういった作業を，様々な方向の，様々なパルサーを観測することにより，銀河面垂直方向の電子密度分布を再現して見せたのである．結果として，イオン化水素層の典型的な厚さが1000パーセク程度と評価されるに至ったのである．

せっかくここまで議論したので，分子雲の銀河面に対して垂直方向の分布の最新結果も紹介したい．巨大分子雲がどのように分布しているか，その観測

が近年になりまとめられた．採集した分子雲は200個強にも及ぶ．その結果によると，巨大な分子雲ほど銀河面中央に沈んでいるとのことである．このような分子雲の大きさごとの銀河面垂直方向の分布の差も，今後の星間物質の大域的マップ作成などと関連づいていくことで，星間物質の大域的進化の理解に大きなヒントを与えるであろう．

　いままでの話では，若干静的な星間物質像が描かれてしまっていたのではないかと危惧する．そこで，コロナガスの起源のところまで話を戻そう．コロナガスは温度が高いため，銀河円盤内に留めておくことは非常に難しい．そこで，星間物質の大循環を引き起こす，銀河噴水モデルが提唱されている（図4・19）．いったん銀河ハローに吹き上がった，コロナガスが冷却して，銀河円盤に舞い戻ってくるという，非常にダイナミックなイメージを与えている．このとき，ホットガスの流出口は煙突状になることが期待されている．このため，このダイナミックなモデルは，銀河煙突モデルと呼ばれることもある．最近のエックス線の観測では，実際にこのホットガスの銀河本体からの流出が検出されている（図4・20）．

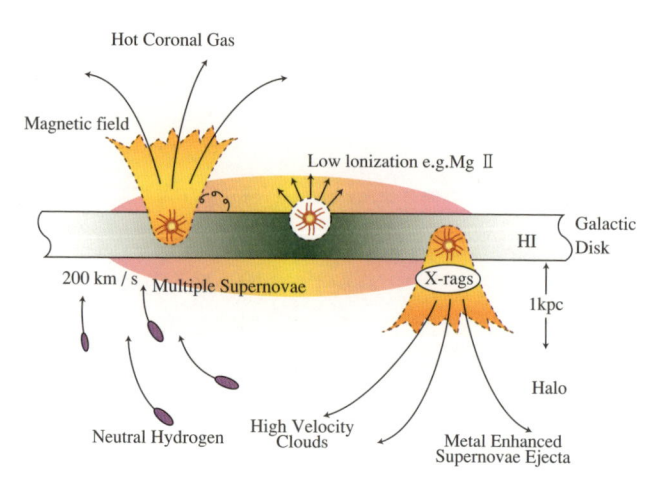

図4・19　銀河煙突モデル．
（Norman, C, and Ikeuchi, S.1989）

4.3 星間物質の大循環

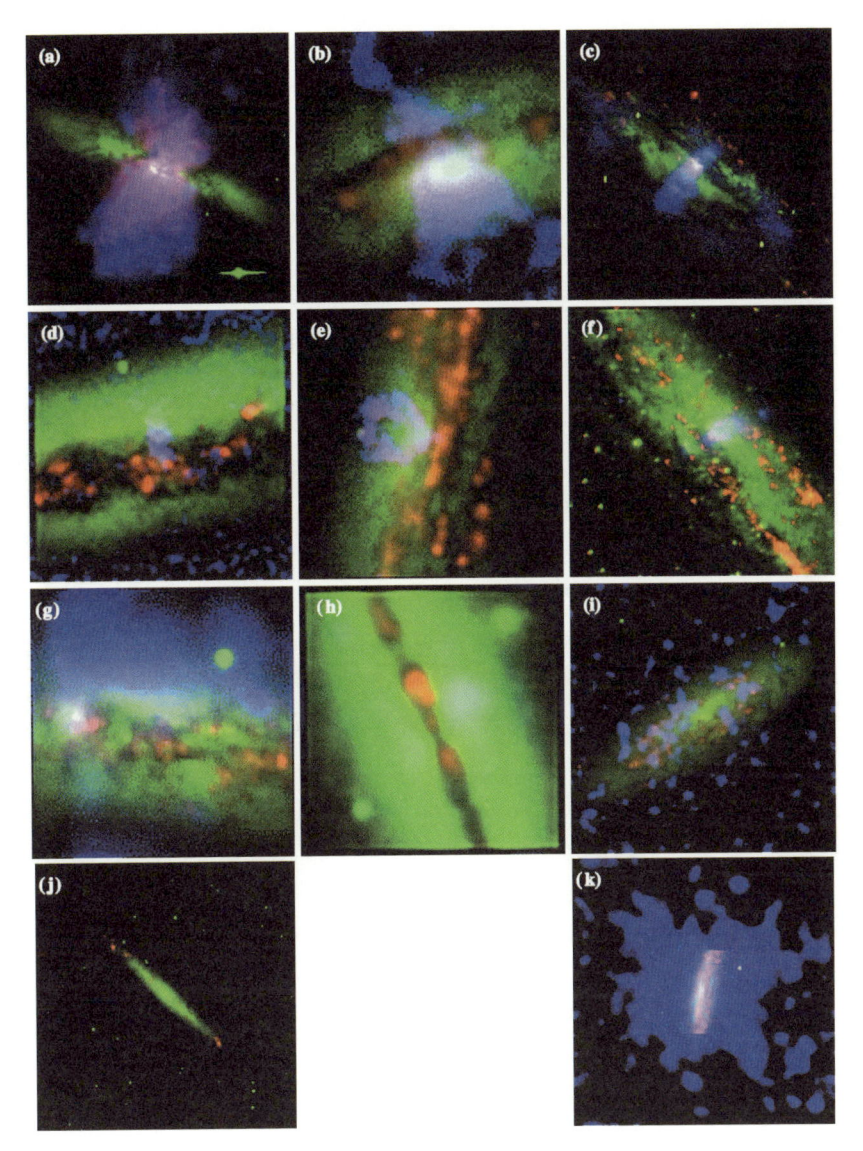

図4・20 円盤銀河から噴出すホットガス（青色）
(Strickland, D. et al., 2004).

CHAPTER4 意外と激しい星間での出来事

　銀河円盤のさらに上空はどのようになっているのであろうか？そこには，銀河のホットハローと呼ばれる星間物質が存在している．ハローとは広がった光芒という意味であるが，最近のX線観測ではまさにこのホットハローが光芒として観測されている（図4・20）．こういったX線が検出されることは，そもそもコロナガスがそこに満ち溢れていることを意味する．このコロナガスを星間物質と呼ぶことに違和感をもつ読者もいるかもしれない．たぶん，銀河ハローに星がないと想像するからだと思う．安心して欲しい．銀河ハローには，数密度は小さいながらも，きちんと恒星が無数に存在しているのである．しかも，球状星団という，我々の宇宙が生まれたてのときに形成されたと考えられる非常に年老いた星団も存在している．こういった広い意味で，銀河ハローの気体も星間物質の一部ととらえられるのである．

　銀河円盤ではいまでも新しい星が生まれているため，古い星と新しい星が混在している．その一方，銀河ハローでは，ほとんどは古い年老いた恒星が存在している．また，円盤銀河の恒星に比べて，この年老いた恒星は天球面での固有運動が大きく観測される．この大きな固有運動は，我々の銀河，つまり天の川の形成時の痕跡であることが指摘されている．

　この銀河ハローの外側はどのようになっているのであろうか？大雑把な質問に読みかえると，我々の天の川銀河と隣のアンドロメダ座銀河の間にはいったい何が存在しているのであろうか？このような大きな空間スケールに存在する気体は銀河間物質と呼ばれている．これは標準的な銀河円盤に存在する星間物質よりさらに希薄な気体である．現在，この銀河間物質の素性を調べるべく，様々な観測プロジェクトが進行している．いまのところ，我々が断言できることは，この銀河間物質の主成分はやはり水素原子で，その水素はほとんど完全電離して存在しているということである．

　ところで，話が込み入ってくるので避けていたが，銀河ハローには高速度雲という，銀河ハローガスよりも少し密度が高く，天の川銀河に落っこちてきているように見える星間雲がある．その起源として，銀河噴水で吹き上げられたコロナガスが冷えて固まり，再落下しているとする説がある．しかし，実は，その起源は確定しているとは言えず，銀河ハローに銀河間に存在していたガス雲が突入してきたとも考えられているのである．その両方の成分があることさ

4.3 星間物質の大循環

え否定できない.そこで,もし,この高速度雲が銀河間からやってきたものとするならば,ひょっとすると単純な希薄気体ととらえられている銀河間物質は,星間物質のように,少しは非一様な構造をもっているのかもしれない.星間物質や銀河間物質は一見単純そうな希薄気体であるにもかかわらず,いままでみてきたように,非常に豊かな物語を語ることができることに驚きを禁じえない.

● COLUMN4 ●

研究の大規模化

　かって、SSC（Superconducting Super Collider）という20兆電子ボルトに陽子を加速する超伝導衝突型加速器の計画があった。SSCの周長は約87km、円周の内部面積は東京23区に匹敵するものとなり、正に世界最大の加速器となる予定であった。SSCの利用による、素粒子標準模型の中で重要であるが未発見である粒子の検出は、研究者の悲願でもあったのである。しかし、SSCは当初計画の見直しにより経費が大幅に膨れ上がり、資金不足に陥った。その結果、SSCの建設計画への批判が続出し、1992-93年にかけて米議会で計画中止案が出され、クリントン政権下で可決されることとなった。この計画が中止された時点で、すでに建造費の約20億ドルが費やされ、トンネルは約23kmまで掘り進められていたとのことである。

　これは素粒子実験の大規模化に関する悲劇的な事件であった。生活基盤を重点とした場合、国家予算には必ず限界があり、いくら高尚な学問的目標を唱えても、社会活動からの制約を超えることができないという典型的な例であろう。幸いにしてその後、国際的な協力関係のもと、LHC（Large Hadron Collider）が、高エネルギー物理実験の発展のために建設された。

　天文学の発展も、近年、随分と予算的に巨額な観測設備が必要になってきた感がる。これは、「極限」の理解を後世に伝えていくためには止むを得ないことでもある。しかし、資本の提供者である多くの方々からは、どこまで期待されているのか不安を感じることがある。研究を遂行する立場にある者は、自らの成果を噛み砕き社会に向けて発信していく説明義務をよりいっそう意識する必要があるのであろう。人類の知的欲求は限りない欲望であるものと信じる。研究の現場にある者との相互理解が、さらなるそして高価な知的財産の蓄積に繋がっていって欲しいと思っている。本書がその一助となれば幸いである。

CHAPTER 5
星の物語

5.1 恒星の一生

　星間物質の進化と関連させ，恒星の形成過程と最期の様子を前章では紹介した．本章では，その間の，まさに恒星の生涯を語りたい．恒星は結局，分子雲の自重による収縮の結果，誕生する．分子ガスが重力収縮を始めた後，どんどん中心部が高密度な天体へと進化していく．高密になるだけではなく，その中心部の温度もどんどん高くなっていく．そして，1000万Kを超えるくらいまで熱くなると，水素原子の核融合が始まり，実際の恒星として輝き出すのである．では，その後，恒星はどのように進化していくのであろうか？

　まず，準備として，恒星の性質を反映したHR図というものを紹介する．図5・1に示したのがHR図である．横軸は，表面温度に対応しており，「右側に行くほど温度は下がる」．縦軸は，個々の恒星の明るさに対応している．こちらは，上の方が明るく，下の方が暗くなっている．ただし，等級表示なので，目盛りは対数的である．対数的とは，桁を勘定して目盛りを切っている

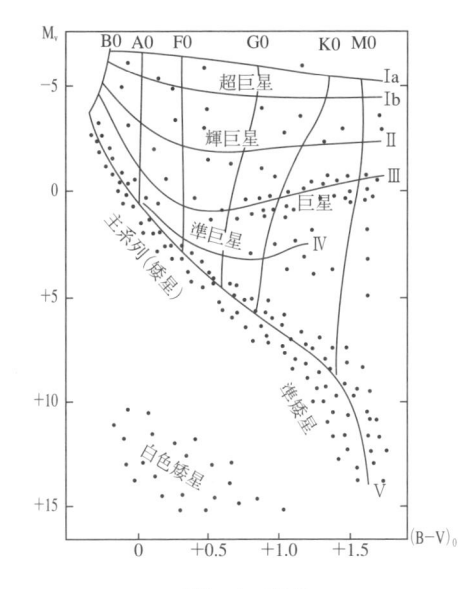

図5・1　HR図
（GNU Free Documentation License, Ver.1.2）．

ことを意味する．ちなみに，HR とは，ヘルツスブルングとラッセルという有名な天文学者の頭文字からとっていて，彼らへの敬意の表れから HR 図と呼ばれている．

さて，まず，生まれたての恒星は左上から右下へ列を成して分布することになる（図5・2）．この段階の恒星を主系列星と呼んでいる．読んで字のごとく，主たる恒星が列を成してプロットされる様子から命名されている．主系列から，右上の方へよじれながらせりあがっている系列も目につくだろう．これは，恒星が赤色巨星へと進化していく様子を表している．この進化の様子に関しては，後ほど少し詳しく紹介する（109ページ）．左下にも，少し星の集団が見受けられる．この一群は白色矮星と呼ばれるコンパクトな恒星たちである．天文学の伝統的な表現とは思うが，横軸に沿って，温度が低い右側を「赤い」，温度が高い左側を「青い」と表現することがある．「青いほど温度が高い」ことを繰り返し強調しておく．

主系列に属する恒星の性質は何なのであろうか？　この一群は，恒星の中心で水素の核融合反応が起きているのである．この核融合反応時に生成されたエネルギーをもとにして，恒星は輝くのだ．恒星は，基本的に主に水素気体の塊である．よって，エネルギーの材料はふんだんにそなえていると考えられる．ちなみに，恒星はこの主系列星として，一生のうちの大半を送ることにな

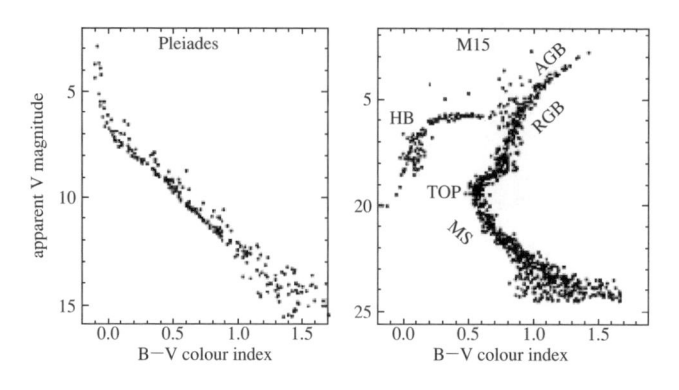

図5・2　若い星団の HR 図と年をとった星団の HR 図
（Arnould,M. and Takahashi,K.1999:Nuclear astrophysics）
生まれたての星団の構成は主系列を成していることが分かる．

5.1 恒星の一生

る．重力収縮による圧縮で熱くなって光っているのではないか？と思う読者もいるかもしれない．実は，重力収縮でもエネルギー獲得はもちろん可能なのであるが，恒星の寿命の長さを説明することができないのである．例えば，太陽の年齢は約47億歳であるが，重力収縮で可能なエネルギー供給期間は約1000万年程度で，重力エネルギーの解放だけでは太陽の年齢を全く説明できないのである．

　核融合反応の重要性を繰り返したい．いま，紹介したように，1つの重要性は恒星が光る原因としての役割を担っていることにある．もう1つ，宇宙の一生を理解するために必要な，恒星内部での核融合反応の役割を伝えておきたい．核融合反応とは，かいつまんで述べると，ある原子核と別な原子核が合体し，より重い原子核が生成される過程である．合体する場合に，多くの場合は，大量のエネルギーが解放される．太陽を含む主系列星では，水素同士の合体から，ヘリウムが生まれていく．その後，恒星の進化につれて，ヘリウム同士の合体から，炭素が生まれる．炭素の合体から，マグネシウム，ナトリウム，ネオン，酸素などが誕生していく．そして，酸素同士の合体からリンやシリケイトが生じる．などなど，様々な核融合反応が恒星の内部で起こるのである．これは，重要な意味をもつ．もちろん，銀河や星間物質，そして恒星がもつ重元素の起源は，恒星内部での核融合反応にある．それだけではなく，こういった重元素は，我々の地球や，我々自身の体を構成する原子核にもなっているのである．つまり，恒星内部での核融合反応がなければ，我々自身も存在しないことになるのである．この意味で，よく言われることではあるが，地球や，動植物，そして人類，すべてが星の子なのである．

　恒星は様々な重さをもっている．これは，人が様々な体重をもっていることと同じである．では，様々な重さをもっていると，どうして明るさが変化してくるのであろうか？つまり，重い星ほど明るいのはなぜなのであろうか？唐突な問題提起と感じるかもしれないが，この恒星の重さと明るさの関係は恒星の寿命に直結するので，非常に重要である．なんといっても，星に寿命がなければ，構成内部で生成された重元素が星間に放出されず，人類どころか地球も生まれないのであるから．

　この問いに答えるために，恒星の構造を少し考えてみることにしよう．恒星

は，その形成過程から想像がつくように，あくまでも自重で自己同一性を保っている天体である．しかし，ただ自己重力で固まっているだけではなく，内部の核融合反応で生じるエネルギーによって，その収縮が抑えられているのである．結局，重力収縮しようとする効果と収縮を抑えようとする効果がうまくつりあい，その長い寿命が保証されているのである．この状態を，静水圧平衡にあると呼ぶ．

　静水圧平衡にあると，星の中心部の温度が大きくなる．温度が大きいと原子核同士の衝突回数が増え，核融合によるエネルギー解放が有利になるのである．どの恒星でも，核融合反応が起きている領域の温度は1000万Kくらいであるが，微妙な温度差で核融合過程に差が生じ，状況の変化に応じて核融合反応が速やかに応答していくことになる．一方，重力の大きさは，恒星の質量がダイレクトに反映する．質量が大きいとは，それだけ収縮しようとする効果が大きくなることも意味する．重力収縮の効果が大きくなれば，もちろん，中心部の温度が大きくなる必要に迫られる．逆に，このバランスが保たれる結果，核融合反応は活発となり，エネルギーがより多量に解放され，質量の大きな恒星ほど明るくなるのである．つまり，質量の大きな恒星が明るいということも，恒星内部で核融合反応が起きてエネルギー解放がなされていることの傍証であると言える．

　恒星の質量に応じて，恒星の明るさが変わることを把握した．ところで，質量の大きな恒星内部でどんどん核融合反応が起きるのはよいのであるが，こういったエネルギー解放が速やかに進む恒星の寿命はどのようになるのであろうか？　恒星はその一生の大半を主系列星として過ごす．よって，問題は，主系列星としてとどまっていられる時間はどの程度であるか？ということになる．

　主系列星は，恒星内部の現象で考えると，水素の核融合反応で輝く星とまとめることができた．つまり，恒星の寿命を考えるとき，水素の核融合反応の継続時間を調べることになる．ごく簡単に考えると，水素の核融合の結果ヘリウムという水素より重い原子核が生成されるのであるが，この重いヘリウムは恒星の奥底に溜まっていくことになる．ヘリウムが十分に中心に溜まると，最も有利な位置での水素の核融合反応が阻害されてしまう．一旦，水素の核融合反応が停止すると，恒星は自重で収縮しようとする．これは重要なステッ

5.1 恒星の一生

プで，重力収縮することで，中心の温度を上げようとするのである．結果として，中心に溜まったヘリウムの外層の温度も，重力収縮につれて大きくなり，再び水素の核融合反応がヘリウム核を取り囲むシェル状に再開するのである．このように，核融合反応の速やかさに応じて，中心部での水素核融合からヘリウム核周りの水素核融合へと，恒星内部の状況が大きく変化することになる．このときが，主系列の終わりだ．いずれにしても，重い恒星の方が激しく核融合を行うため，主系列からの離脱は早いことになる．よって，重い恒星ほど，その寿命は短いことになる．

恒星の一生を理解するために，もう1つの重要な系列，赤色巨星に関して紹介していきたい．これまでに論じてきたように，主系列星は水素の核融合の結果，ヘリウムという燃えカスが中心部分に溜まっていくことでその進化段階を終了する．だいたい，10％ほどの水素が核融合で燃えると，主系列段階を脱すると言われている．このヘリウム核が形成された後，恒星は巨星へと膨らんでいくことになるが，その後の進化は主系列に滞在する時間に比べて非常に速やかである．この間，恒星内部はさらに重力により収縮しようとするため温度が上がり，今度は中心部に溜まったヘリウムが核融合反応を起こし始めるのである．

恒星が巨星として膨張するメカニズムはおよそ次のように理解できる．状況として，ヘリウムの中心核が形成され，その周囲で水素の核融合が起きている場合を考えよう．ただし，このヘリウムの中心核からも少しずつはエネルギーが外側に抜け出すことができる．このため，この中心核はさらに重力収縮することが可能になるのである．中心核の重力収縮が進むと，少しずつエネルギーが抜けるといっても，重力による収縮でそれなりに温度が上昇することになる．その結果，その周りの水素は，より核反応に好都合な条件を獲得し，さらに活発に核融合が進み，エネルギー解放も大きくなる．このエネルギー発生量は，主系列時代の外層の大きさを維持する以上の大きさとなってしまうため，結果として恒星は巨星へと膨らんでいくのだ．大きく膨らむと，その分，大気の平均温度は低下するため，恒星の色は赤い方向に変化する．この様子は，HR図上を横の方向へ移動することに相当する．ただし，この進化段階は非常に速やかなために，HR図上の観測される恒星の数はまばらとなる．

CHAPTER5 星の物語

　その後，HR図上をほぼ真っ直ぐ上に進化していくのであるが，この理由は，恒星大気全体が十分に撹拌されたある種の平衡状態に達するからである．この平衡状態に達するためには，恒星表面からのエネルギー離脱率が抑制される必要があり，このため，星の表面の色（赤さ）は変わらないままとなる．しかし，中心部でのエネルギー発生は引き続き大きくなりつつあるので，その分，明るくなる（つまり，HR図上を上昇する）のである．

　さらにその後，恒星の中心部はどのように進化していくのであろうか？　太陽質量程度の質量の小さい恒星の終末過程を念頭に，少し論じてみよう．水素の核融合の結果，恒星の中心部にはヘリウムがどんどん溜まっていく．このヘリウム核はさらに重力収縮し，温度も上昇するが密度も上昇する．いままでは，どちらかというと，温度の上昇に力点が置かれた説明が行われてきたが，今度は密度に力点を置いてみよう．中心核の密度が大きくなると何が起きるのであろうか？　中心部は，非常に高温なので，ヘリウムや水素といった原子核はイオン化している．つまり，電子が大量に存在しているのである．この電子も圧力をもつことができ，結果として，大きな役割を果たす．

　中心部の密度が大きくなるとき，もちろん，電子の密度も大きくなっていく．温度による依存性もあるのだが，十分に密度が大きくなると電子は，縮退圧を供給するようになる．縮退圧とは，本当は量子力学という学問を勉強しなければ分からないのであるが，大まかに述べて，お互いがお互いを排斥することによって生じる圧力である．この縮退圧が重力に抗うことで，中心部の収縮はかなり収まることになる．

　しかしこのとき，電子の縮退圧で支えられた核の周りでは，依然

図5・3　球状星団のイメージ．

5.1 恒星の一生

として水素の核融合反応が継続している．形成されたヘリウムは中心部にもちろん沈んでいく．その結果，中心部の質量はさらに大きくなり，いつしか電子の縮退圧でも支えきれなくなる．想像通り，この段階でヘリウムの核融合反応が始まるのである．ヘリウムの核融合反応が起きると，炭素などが生まれることになる．このヘリウム核融合段階はHR図上のどこに相当するのであろうか？ 本来的には複雑な現象なのであるが，球状星団（図5・3）のHR図上では単純に表現される．それは，水平分枝と呼ばれる，横に走った分布となるのだ（図5・2）．この段階の恒星は，あたかも，水素の核融合反応の代わりにヘリウムの核融合反応が起こっているかのように理解できる．

ヘリウムが核融合反応を続けることで，今度は，恒星の中心に炭素や酸素が溜まっていく．そうして，主系列星から巨星へと進化していったように，再び恒星は膨らみ始める．この段階は，巨星分枝に寄り添う形でHR図上に出現するため，漸近巨星分枝と呼ばれている．また，エネルギー発生率も非常に良く，最終的な進化で恒星の外層を吹き飛ばす（図5・4）．この大気が吹き飛ばされていった先が惑星状星雲となっていく．結果として，炭素と酸素の中心核が電子の縮退圧で支えられる形で残り，これが白色矮星となるのである．進化の様子はさらに複雑になるが，大体7太陽質量以下の恒星は，最終的に白色矮星となるチャンスがあると考えられている．

最期に，7太陽質量以上の重い恒星の終末を紹介したいと思う．ヘリウムの核融合によって，炭素や酸素が中心部に溜まっていくことになる．その後，今度は炭素や酸素の核融合が起こり，さらに重い元素が作られていく．そして，

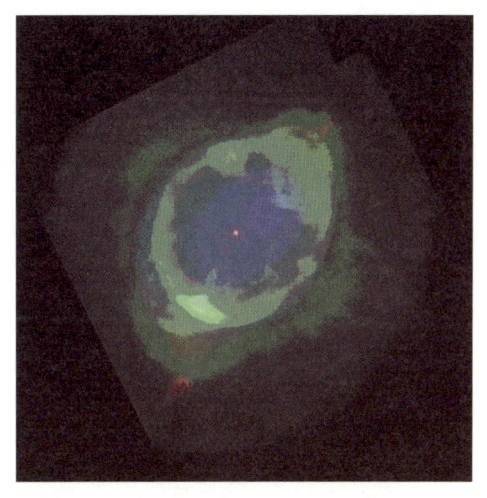

図5・4 恒星風により形成されたシェル構造のイメージ．この天体ではジェットも中心天体より生じている．（ESA; photo, ESA/XMM-Newton）

CHAPTER5 星の物語

7太陽質量前後の恒星は，内部で核融合反応が暴走を始め，粉々に吹き飛ぶ超新星になると考えられている．もう少し質量が重いと，超新星になるのであるが，その芯としての中性子星が取り残されると強く期待されている．30太陽質量より重い星は，ブラックホールとなると期待されている．しかし，実は，超新星爆発のメカニズムはまだ十分に解明されておらず，理論的にはきちんとした爆発シナリオを書き上げきれていない段階にある．ここで紹介した恒星質量ごとの進化の行き先は，ひょっとすると，少し変更を被ることになるかもしれない．それも，天文学の進歩の結果と思い，好意的に受け止めたいと思っている．

　本節では，恒星を非常に単純な天体としてとらえた場合の，恒星の一生を紹介してきた．少し勉強すると，ここで述べられたことが，少し現実的ではないのではないかと感じることと思う．今回，敢えて触れなかった重要な効果を2つほど紹介して本節を閉じよう．1つは，恒星風である．この節で分かったように，恒星の進化にとって最も重要な要素はその質量である．もし，恒星風が華々しく吹くならば，それは，恒星の質量を減じる効果をもたらす．その結果，恒星の進化経路が，時間とともに変更される可能性があるのである．恒星風の議論はそれだけで，かなり込み入った話になるので，別書に譲りたいと思う．もう1つは，連星（図5・5）の効果である．恒星のほとんどは連星として存在している．単独星の方が少ないくらいだ．つまり，「普通の恒星は連星」なのである．連星といっても，お互いに遠くを回転していれば特に問題はない．問題となるのは，お互いに非常に近くを公転している場合である．この場合，連星同士で質量の交換が可能になる場合がある．恒星の一生は，その質量で大まかな道筋が定まるわけであ

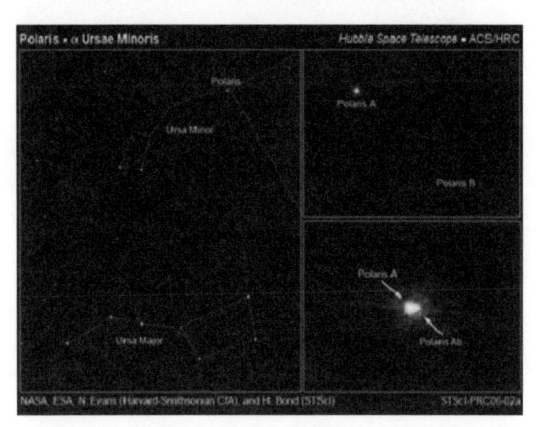

図5・5　連星のイメージ．北極星は三重連星である．

るから，この質量交換は，恒星の一生の記述を複雑にさせる．今後，観測的にも理論的にも，恒星の進化への恒星風の効果，そして連星の効果は明らかにしていくべき大問題となっている．

5.2 褐色矮星

これまで，恒星としては太陽質量程度以上のものを念頭において宇宙の諸階層の成り立ちを紹介してきた．ところで，恒星の質量は，太陽質量程度からそれ以上の範囲に限られているものなのであろうか？恒星の形成過程を考えるかぎり，質量の下限が太陽質量程度であるとの根拠はなさそうである．つまり，太陽質量より小さな恒星は存在してよいはずだ．そうすると，どの程度小さい恒星まで存在するのか？という疑問が生じる．この命題に答えるために，近年爆発的に研究が進展しつつある褐色矮星（図5・6）に関して，新たな節を設けて，紹介していきたい．

褐色矮星とは，俗に言う恒星と呼ぶには少し質量やサイズが小さく，惑星ととらえるにはその形成過程が異なり，それより質量も大きな星だ．もう少し述べるなら，恒星と惑星との間のミッシングリンクである．なぜミッシングリンクなのかというと，褐色矮星は質量の小ささのため，水素の核融合反応が起

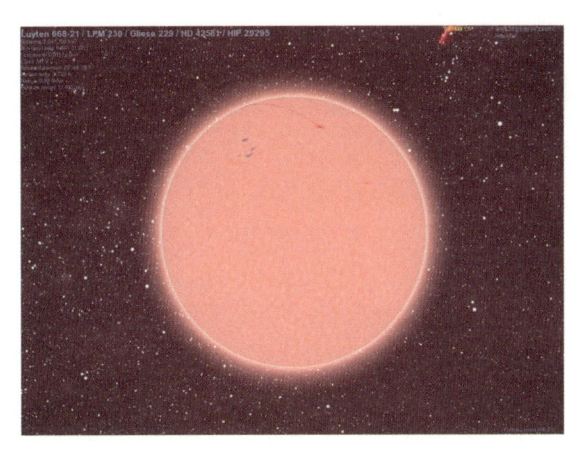

図5・6 褐色矮星のイメージ．
http://en.wikipedia.org/wiki/Image:Gliese_229_Andh.png

きるほど，中心の温度が上がらず，その結果，非常に暗い天体となっているからである．なんとかこの褐色矮星を検出したいという想いは，多くの天文学者の大目標であった．

　現在では，すでに褐色矮星は見つかっているので，まず簡単に褐色矮星を2つのタイプに分けたいと思う．1990年代半ば以降，水素の核融合反応エネルギーを用いて輝く恒星と，木星のような巨大惑星との中間の質量をもつ褐色矮星は徐々に発見されつつあった．そのうち，1つはL型と呼ばれ，木星質量の50～80倍ほどの質量をもつものである．もう一方はT型と呼ばれ，この質量は木星の20～50倍程度である．T型はL型よりも低温で，さらに明るさも暗い天体である．歴史的には，1998年にSDSSというプロジェクトの観測が開始されるまでは，数個のL型とただ1つのT型が見つかっていたという状況であった．

　褐色矮星は言うなれば「恒星になり損ねた星」である．恒星が輝くのは，その中心で核融合反応が起こるからであることを，前節でかなり強調して記述した．しかし，この核融合反応は質量が木星の75倍以上，つまり太陽質量の7％以上の星でないと継続的に起き得ない．これ以上質量の軽い星は恒星として輝くことができないのである．

　もともと，褐色矮星という言葉は使われていなかったものの，日本の中野武宣博士と林忠四郎博士の理論的議論で，水素の核融合反応が継続して起きない星の構造や進化が論じられていた．これはすでに，「星間物質および星間塵が重力収縮を起こして恒星になるのと同じ過程をたどり，恒星よりも小さな天体が数多く生まれる」可能性を意味していた．1960年中盤に一度，多くの天文学者たちが褐色矮星探査を行ったのであるが，当時は全く見つからなかった．やはり，褐色矮星は暗すぎる天体であったからである．

　このように古くから，太陽質量7％以下の質量をもつ小さな星は，恒星と惑星の間を埋める第三の天体として注目されていた．暗いとはいえ，褐色矮星も輝いている．そのエネルギー源は何なのであろうか？褐色矮星は，実を言うと，自重による収縮の結果，蓄えられた熱を解放して輝いているのである．温度は低いため，主には赤外線域で輝くことになるのである．

　確かに褐色矮星の検出は困難なものであったが，その存在を疑う天文学者は稀であった．なぜかというと，恒星の数は小質量のものほど多いことが知ら

5.2 褐色矮星

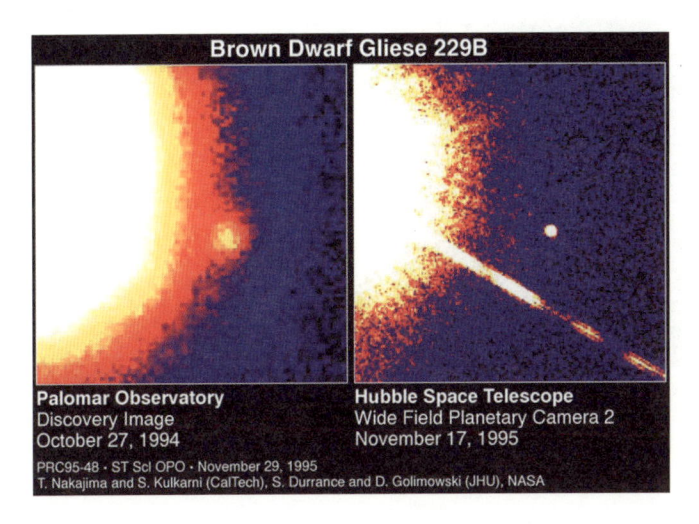

図5・7 世界で最初の褐色矮星論.

れていたからである．もしこのことが褐色矮星にもあてはまれば，膨大な数の褐色矮星が我々の銀河の中に存在することになる．また，当時には，褐色矮星は未検出であったため，それは暗黒物質候補とさえ言われた．

このように，未発見であるが，長い間研究対象から漏れることのなかった褐色矮星は，ようやく1995年に発見された．中島紀博士らのグループが，Gl229Bという星が褐色矮星であることを発見したのである（図5・7）．この星の光度は太陽の10万分の1に過ぎず，予想通りかなり暗いものであった．褐色矮星の構造モデルには，まだ若干の不定性があるが，発見された褐色矮星の半径は木星ほど，重さは木星の20〜50倍ほどと見積もられた．

この1995年の発見に，勇気づけられたこともあり，褐色矮星の探査が再び精力的に推し進められるようになってきた．これまでの観測で，我々の天の川銀河には約1000億個の褐色矮星があるとの推定も行われている．いまや，褐色矮星の存在を疑うどころか，そのより詳細な性質の理解へ向けて，研究は躍進しようとしている．例えば，本当はいくつの褐色矮星があるのか？正確な重さは決まるのか？どのくらい，木星質量まで小さい褐色矮星が存在するのか？そもそも，その形成過程は通常の恒星形成過程と同じように考えてよ

CHAPTER5 星の物語

いのか？これらの疑問には，これからきっと解答が与えられていくことになるであろう．この21世紀，褐色矮星研究が1つの花形になるのかもしれない．

近年でも，非常に興味深い発見が国立天文台，神戸大学，東京大学，総合研究大学院大学などからなる研究チームによりなされた．彼らは，おうし座という現在でも星形成が起きている領域の，ある恒星の周りで，木星の質量の40倍ほどしかない若い褐色矮星を発見したのである．つまり，生まれたての恒星と褐色矮星の連星が発見されたのである．特に重要な点は，若い恒星の周囲を回る伴星として，いままでに検出された最低質量の天体の1つであったことである．連星として褐色矮星を検出することは，かなり興味深いことである．これは，連星系の理論（重力相互作用のみであるが）から，褐色矮星のより正確な質量が求められるチャンスが得られるからである．恒星の一生（5.1節）のところで，何度も強調したが，星の進化で一番重要なファクターは星自身の質量である．褐色矮星についても，まず，質量がどのくらいかを，より正確に測定することが望まれているのである．

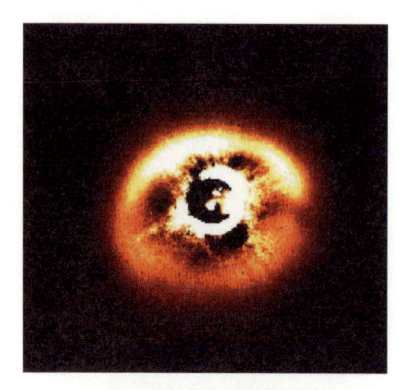

図5・8 すばる望遠鏡搭載のコロナグラフの効果．若い星GG TauのHバンドコロナグラフ画像．中心の二重星の周りに原始惑星系円盤を検出した．（提供：国立天文台）

日本のグループが，すばる望遠鏡を駆使することで，この検出に成功した．これは，非常に巧みな観測技法で，コロナグラフと呼ばれる撮像装置を用いたのだ．一般に明るい天体近傍の暗い天体は，明るい天体が邪魔をするため，はっきりと検出することが極めて困難である．そこで，コロナグラフの登場となる（図5・8）．この装置は，明るい天体をマスクしてしまい，その周辺の暗い天文学的情報の取得を目指すものである．

特にすばる望遠鏡でコロナグラフを利用することは強力である．すばる望遠鏡では，大気を通ってくる際に生じるぶれを補正する観測装置を有している．球面補償光学装置と呼ばれているものだ．これを使用して星の像を明瞭にした

5.2 褐色矮星

後，きちんとコロナグラフでマスクし中心の星の光を覆い隠すことで，さらにいっそう明るい天体の周囲にある微光情報を手にすることができるのである．

ではなぜ，褐色矮星を見つけ出すために若い恒星に着目するのであろうか？　褐色矮星は，その自重による収縮の結果輝くと考えられている．これは，時とともに明るさが減じることを予想させる．つまり，年老いた恒星の周囲の褐色矮星より，若い恒星の周りにある，若い褐色矮星の方が観測的検出に有利であることが期待されるのだ．そこで，日本のグループはおうし座分子雲という，若い恒星や原始星がふんだんにある領域での，褐色矮星探査に乗り出したのである．

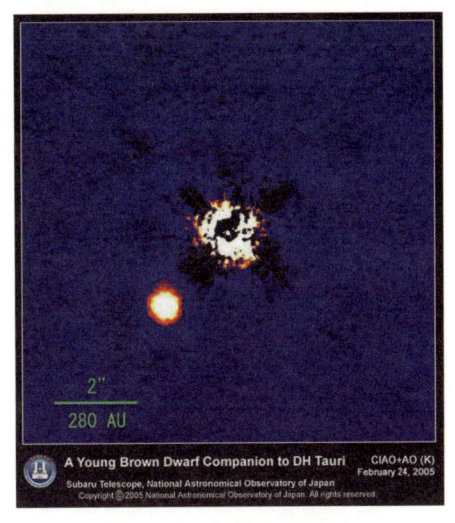

図5・9　連星を成す褐色矮星．

日本のグループの見つけた，この質量の小さな褐色矮星の素性は次のようなものである．この褐色矮星は，おうし座DHと名前が付けられている中心恒星の僅か250分の1の明るさで輝いていた（図5・9）．一度はっきりした観測が得られると，過去の同じ恒星の観測データから目的の微光天体の存在を，確信をもって同定できる．この過去の観測結果と今回の観測結果とを比較することで，非常に重要なことが分かった．それは，この褐色矮星はおうし座DH星とともに天空上を動いており，たまたま同じ方向にある背後の天体が褐色矮星に似ているということではないことが分かったのである．この褐色矮星はおうし座DH星に付随して運動しているのだ．つまり，この両者は重力によりお互いに束縛されていることが判明したのである．先ほど述べたように，連星系であることから，褐色矮星のより正確な質量を評価できるチャンスが生まれる．今後の研究の進展が楽しみな天体系の1つと言えるであろう．

この褐色矮星のより詳細な性質も報告されている．この褐色矮星の表面温

度は約 2700 K, 質量は木星の 40 倍ほどとのことである. いずれにしても, この日本のグループの観測手法は強力で, もし存在するならば, 木星程度の質量をもった若い惑星ならば検出できる可能性を有している. なお, この日本グループの研究に関しては, 友人である伊藤洋一君が, 京阪神地区で開催されている関西「星・惑星形成」ゼミでお話しされた内容をヒントにまとめさせていただいた. ここで, 伊藤君に感謝したいと思う. ただ, 筆者の誤解のため不適切な表現があることを恐れている.

褐色矮星が連星系を成していることが, 褐色矮星の理解に重要であることは何回か強調してきた. そこで, もう少し, 関連する研究を紹介してみたいと思う. これも, 補償光学技術を利用した, 日本のグループの研究である. 天体は HD130948 とカタログされている 3 重星である. この 3 重星は, 主星として明るい恒星, 伴星として非常に暗い連星系から成立している. この暗い連星系は, 褐色矮星連星の可能性があることが指摘されていた. もし, 褐色矮星の連星であるならば, それはもちろん画期的なことと言える. なぜなら, 公転周期が非常に短いことが期待され, 適切な時間その褐色矮星連星の運動を追いかけることで, 懸案である褐色矮星の質量が良い精度で定まるからである.

そして, 実際にすばる望遠鏡を用いることにより, この連星を成す 2 つの星をしっかりと分離して, それらの表面温度が測定されたのである. 彼らの結果によると, その 2 つの星の表面温度は約 1900 K で, これはまさに褐色矮星連星が発見されたことを意味する. 今後, この褐色矮星連星の軌道要素が確定し, そして褐色矮星の質量が本

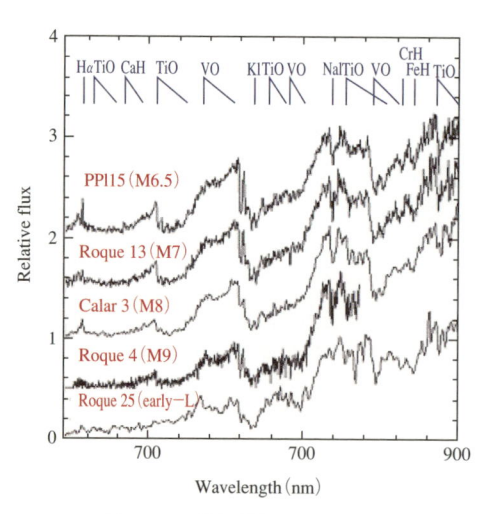

図 5・10 褐色矮星のスペクトル.
Zapatero O. 2000, "Very Low Mass Stars and Brown Dwarfs", La Palma, May 5-11; Martin,E,L,. *et al.*, 1998, ApJ., 507, L41.

当はどのくらいなのかが明らかになってくると思う．

軌道要素の確定には，視線方向の速度も必要なため，ここでもドップラー効果を用いる．このためには，褐色矮星を特徴づける，適当な分子による光の吸収のドップラー効果を検出する必要がある．そこで最後に，褐色矮星の波長ごとの明るさをグラフにしたものを紹介したいと思う（図5・10）．さて，星表面のこういった分子による吸収の様子からは，そこでの分子組成が分かることになる．よって，褐色矮星の詳細研究は，低温度環境での化学反応論への貢献も期待させるものである．いずれにしても，研究の展開が楽しみな天文学の一大研究テーマであることに変わりない．

5.3 赤外線観測衛星の大活躍

2003年8月25日，スピッツアー宇宙望遠鏡（図5・11）がアメリカはフロリダで打ち上げられた．その後この衛星は，約3年の間，地球の大気上空から赤外線帯の観測を行っている．なぜ，これほど上空に赤外線望遠鏡を打ち上げなければならなかったのであろうか？その理由は，ちょうど，観測的に興味ある波長帯は地球の大気に遮られて，地上での観測が極端に難しいか，もしくは不可能であったためである．この宇宙望遠鏡の口径は，最近の大口径望遠鏡の大きさに慣れているとがっかりするかもしれないが，85 cmだ．しかし，この章で紹介するように，このような小口径望遠鏡でも，素晴らしい科学的成果を提供することができるのである．いま，口径が小さいと伝えたが，誤解されることを恐れる．赤外線衛星は，このスピッツアーが初めてというわけではない．このスピッツアーはい

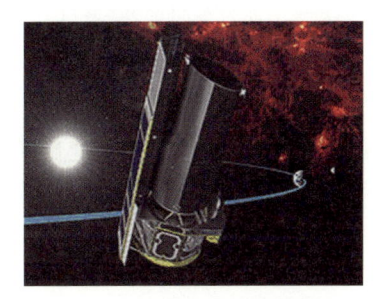

図5・11　SPITZER赤外線観測衛星．
（NASA/JPL-Caltech）

図5・12　日本の「あかり」赤外線観測衛星．
（提供：宇宙航空研究開発機構）

ままでの赤外線観測衛星では最大級の口径をもつ望遠鏡となっているのである.ちなみに,スピッツアーとは,現代的天体物理学の実質的な始祖の1人であり,天体物理学者の巨人であるライマン・スピッツアー博士の名前を冠したものである.スピッツアー博士は,いち早く,宇宙空間からの天体観測の重要性を認識し,その実現に向けて行動を開始した科学者の1人でもある.日本も,「あかり」という赤外線観測衛星の打ち上げに成功しており,現在,大活躍中である.

ここで,赤外線に関して簡単に論じたい.通常の可視域では,その光は我々と天体との間に存在する星間塵のために減光を被ることになり,極端な場合は何も見えないことになる.一方,赤外線は,可視域の光より波長が長いため,透過率も大きくなる.つまり,可視域では探れない(つまり,我々人類が直接観られない),例えば分子雲の深いところにある情報でも,赤外線を検出することで探査することができる.こういった意味で,赤外線観測衛星を手に入れることは,天文学者の悲願の1つであったと言える.

では,赤外線自体は一体どのような天体から放射されているのであろうか?もちろん,様々な天体が多かれ少なかれ,赤外線を放射している.ここでは,以下に紹介するスピッツアー観測衛星の結果の理解に必要な輻射源を簡単に紹介したい.赤外線は,星間塵で隠された領域を探査できる点で優れていると紹介した.興味深いことに,この星間塵は1つの赤外線源でもある.ただし,赤外線といっても波長のごく長い方の光子を放射しているのである.あと,代表的な天体は,温度の低い恒星や原始星だ.温度の低い恒星には,質量の小さい恒星もあれば,星自体が膨らんで巨星となっているものもある.遠方の銀河を,赤外線でも波長の短い領域で観測すると,主にこの明るい巨星の分布が検出されることになる.その他,原始星周りの,将来惑星系形成が起きるようなガス円盤の内側は中

図5・13 NGC5907.

5.3 赤外線観測衛星の大活躍

間の長さをもった波長の赤外線を放射していたりする．これは，簡単には，温度の高い星間塵からの輻射と考えてよい．

さて，いよいよスピッツアー衛星の素晴らしい成果を紹介していきたいと思う．まず，銀河の写真からみていく（図5・13）．この銀河はNGC5907とカタログされているもので，横向きに綺麗に観測されることから有名である．また，中央部の膨らみも少ないことから，銀河バルジは小さいと考えられる．スピッツアーが見つけたのは，赤く色づけされているフィラメント状の構造である．このフィラメント構造は星間塵の分布をトレースしているものと考えられる．また，もう少し詳しくみると，可視で見える円盤よりも，赤外線でみた円盤の方が大きな厚さをもっていることも分かる．これは，古くて温度の低い恒星が，可視で見える比較的若い恒星よりも広がって分布していることを意味する．このような，古く温度の低い恒星の分布で定義される，厚い円盤の形成と維持を考えることは，銀河円盤の起源を考えるための大きなヒントとなる．

さて，大きな銀河は，より小さな構成要素の合体により大きく育ってきたと期待されている．こういった現場は，スピッツアーによってとらえることはできるのであろうか？図5・14の左に，奇妙に見える遠方銀河の可視域での写真を紹介する．赤く強調されているのは，水素の分布で，この水素は徐々に広がっていると考えられる．銀河本体は見えにくいのだが，赤い広がった構造内に不規則な形でとらえられている．右の図がスピッツアーによる赤外線観測の結果である．可視域では，単に奇妙な銀河としてとらえられていた天体であ

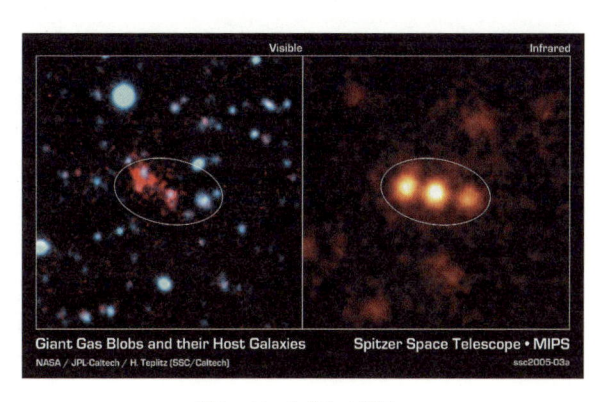

図5・14 合体中の銀河．

るが，すっきりと3つの赤外線源の塊であることが見て取れる．これは，赤外線が可視域よりもより奥を見通せることの成果である．この3つの塊はそれぞれ，少し小さめの銀河で，ちょうど3重合体を起こしている瞬間を検出したものと考えられる．こうして，スピッツアーにより，銀河は合体成長していく存在であるということが，赤外線観測からも直接的に裏付けられたのである．

　次に星形成領域に関する観測結果を紹介したい．星が形成されていくストーリーは，4章で紹介したが，ここでも簡単にまとめてみる．恒星は分子雲内で分子ガスが自重により固まっていく結果誕生する．このとき，星形成の直接の現場となる領域は，実際に密度が大きくなっており，分子雲コアと呼ばれている．その後，この分子雲コアに原始星に至る塊ができ，その周りにはガス円盤が形成されるのだ．では，我々は，まさに原始星の誕生が始まろうとするその瞬間をとらえているのであろうか？その候補として挙げられているのが，文字通りでもあるが，星なしコアと呼ばれる分子雲コアである．星がないとは，正確に言うと，赤外線点源が分子雲コア中に見つかっていないということである．疑ってみると，単純に赤外線点源の検出に失敗しているだけかもしれない．実際，星なしコアでも，その分子ガスが非常に乱された状態であるならば，それは原始星形成に関わるアウトフローの影響の可能性が捨てきれないので，詳しく観測すると赤外線源が見つかるかもしれない．そこで，スピッツアー観測衛星の登場となる．この最新鋭の観測装置を用いることで，いままで星

図5・15　分子雲コア中の赤外線点源．

5.3 赤外線観測衛星の大活躍

なしコアと考えられていた天体に，赤外線点源を検出したのである（図5・15）．この結果は，だからと言って天文学者を失望させることはない．逆に，生まれつつある星本体の検出に成功したとも考えられるからだ．このように，恒星形成の初期進化に関する研究に必要な情報がどんどん手に入ってくる時代となりつつあるのである．

翻って，恒星が生まれた後，その周りの分子雲はどのような末路をたどるのであろうか？ 現在，夜空に見られる星々は，それらを直接我々が見ていることから，明らかに分子雲の内部に存在しているわけではない．それぞれの星の母体となった分子雲は，それこそ，何らかの理由により消失してしまっているのである．どのように分子雲はなくなっていくのであろうか？ その原因はいくつか考えられる．分子雲内で生まれた大質量星が，生まれて速やかに超新星となったためかもしれない．超新星とならずとも，大きな星は強い輻射源となっているので，その輻射を利用した恒星風により，周囲の分子ガスが吹き飛ばされたのかもしれない．また，銀河円盤本体の潮汐力が重要となるのかもしれない．はたまた，こういった分子雲破壊機構の組み合わせが重要であるかもしれない．いずれにしても，その詳細は非常に複雑なので，個々の事象を丹念に調べる地道な探求が必要とされる．こういった現状のもと，スピッツァー観測衛星は，ごく若い星の周りに，吹き飛ばされつつある星間物質の様子をとらえたのだ（図5・16）．今後，この吹き飛ばされつつある星間物質の詳細な運動が理解されるとともに，分子雲の消散過程が明らかになっていくであろう．

今度は，恒星進化の末期について見てみよう．1太陽質量程度の恒星は，進化が進むと，中心に電子の縮退圧でその重力収縮に抗っているコアが形成される．そのコアの周りから，かなり強い輻射が生まれ，もともとの外層大気が吹き飛ばされることとなる．この吹き飛ばされた外層は惑星状星雲とし

図5・16 吹き飛ばされつつある分子雲．

CHAPTER5 星の物語

図5・17 惑星状星雲.

て観測される．惑星状星雲は，このようにシンプルな起源と考えられるので，それほど多彩な個性はもっていなかったと，随分前には想像されている．しかし，スピッツアーも明らかにしたように，その外郭周辺の構造は多岐に富んだ様子を我々に見せつけている（図5・17）．こういった多様性がなぜ生まれるのか？ 恒星本体の性質のためか，周囲の星間物質と吹き飛ばされた外層との相互作用の結果なのか，その原因を探求することは大変興味深くある．

今度は，もう少し大きな星の末路を見てみよう．そう，超新星の痕跡に関

図5・18 超新星残骸.

5.3 赤外線観測衛星の大活躍

する観測結果である．質量の大きな星は，華々しい爆発でその生涯を閉じる．実際，夜空には，急に明るくなり，そして暗くなる星が見つかり，その中でも最も固有の明るさが大きいものが超新星だ．急に明るくなるのは，爆発が起こったからである．では暗くなっていくのはなぜなのであろうか？ 1つには，超新星が起こったあと，エネルギーは輻射となり逃げていくことが挙げられる．単純に冷えていくと思ってもらって，差し支えない．それに加えて，爆発のエネルギーは周りの星間物質の運動エネルギーに幾分か転換される．結果，周囲の星間物質は加速され膨張を始める．膨張を始めると，膨張の最先端で殻が形成され，狭い意味でこの殻を超新星残骸と呼ぶ．では，実際にこのような殻は形成されるのであろうか？ そもそも，その殻は球形なのであろうか？ こういった，超新星残骸の様子をスピッツアーもとらえている（図5・18）．赤外線で検出されていることから，この殻には相当量の星間塵が存在するはずである．この星間塵は，もともとの星間物質が掃き集められたものの中に存在していたのであろうか？ それとも，超新星爆発時に形成されたものが飛散していっているのであろうか？ その両方だとして，お互いの存在割合は如何ほどなのであろうか？ このスピッツアーの観測結果は，殻の形態の興味深さを確認するとともに，さらに深い洞察を我々に迫っているのである．

次節の準備として，太陽系内天体のスピッツアーの観測結果も紹介しておきたい．特に興味深いことは，太陽系内の天体のうち，どこまで小さい天体の素性に迫ることができるか？ である．小さい天体とは，冥王星程度もしくはそれより小さい天体と言うことである．ぱっとした見た目では，地味に見えるので，それほど大騒ぎすることか？ と思う方もいるかもしれない．しかし，こういった小さい天体は，太陽系形成時の痕跡を残している可能性が大きいのである．少なくとも，太陽系形成に関する

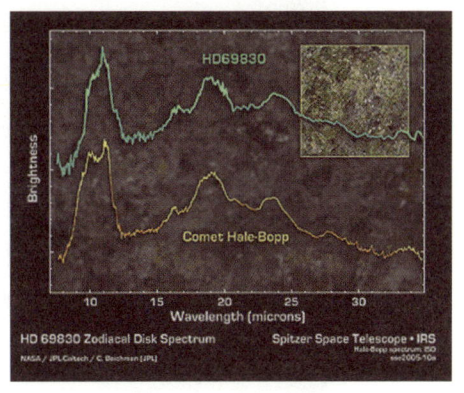

図5・19 アステロイド天体の組成．
彗星と非常によく似ている．

CHAPTER5 星の物語

ヒントは得られるものと大きく期待されている．後ほど，本書では，アステロイド天体に着目することになる．アステロイド天体とは，小惑星帯に存在する微小天体のことである．普通の望遠鏡では，太陽光の反射を検出することで，その存在を認識できる．しかし，スピッツァーは赤外線検出器を有しているので，さらに興味深い情報をもたらしてくれる．その観測結果例を図5・19に挙げる．この図は，横軸が波長で縦軸が明るさである．つまり，波長ごとの情報が得られているのである．波長ごとの情報から，アステロイド天体の組成，つまりどのような物質で構成された天体であるかが分かる．この組成の把握は，原始太陽系中でどのように惑星系が生まれてきたのかに関する大きな示唆を与えてくれるが，詳しくは，次節に譲る．

　これも，次節で詳しく述べるのであるが，主な惑星は，その形成初期段階で星間塵が集積し，その原始の姿を現すことになる．もちろん，星間塵の集積，合体，成長の現場は，原始惑星系円盤である．観測的には，星間塵の合体成長の結果，惑星ができつつあることの痕跡をうかがうことになる．実は，こういった，星間塵の合体成長の痕跡が，スピッツァー観測衛星により検出

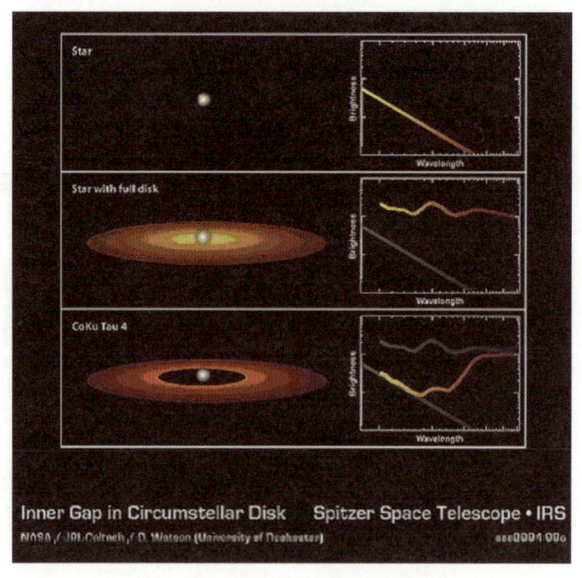

図5・20　微惑星の合体成長の証拠．

されたと強く期待されているのである．それを図5・20に紹介したい．この図の右が観測結果である．ここでも横軸は波長，縦軸は波長ごとの明るさだ．ちょうど，中間部の赤外線が少し暗く観測されていることが分かる．この欠損は，生まれつつある恒星近傍の少し暖かい星間塵の量が非常に小さく，もしくは，極端に局在化していることに相当する．実際の解釈としては，星間塵が微惑星，もしくは惑星へと合体成長した結果と考えられる．今後，こういった観測結果をどんどん増やしていくことで，原始惑星系円盤の進化の研究が大いに進んでいくであろう．

5.4 初代の星たち

　さて，いままでは，我々が夜空を見上げたときに見られる，ごく普通の星々の特性や形成に関してみてきた．ここで立ち止まってみて，宇宙で最初に生まれた星はどのような性質であったのか，見つめ直してみたい．簡単に復習するが，現在私たちが簡単に観測できる恒星は，多かれ少なかれ，炭素や酸素などの重元素をその大気の中に含んでいる．こういった重い元素は，元をたどれば，恒星の内部における核融合反応の結果生じた産物である．水素やヘリウム，そして一部のリチウムなどを除くと，私たちの知っている元素のほとんどは恒星の内部で生まれたのだ．現在主に知られている恒星は，実は，始めから適当量の重い元素を含んだ星間ガスの重力収縮の結果，生まれているのである．つまり，現在の星々は，初代の恒星の内部で作られた重い元素を含んだ星間ガスを元に生まれていることになるのである．逆に，初代の恒星は重い元素のない星間ガスから生まれたことになる．こういった，恒星の元となる星間ガス中の重い元素の有無は，恒星の性質にどのように影響を与えるのであろうか？ その影響を少し考えてみたい．

　恒星形成過程をまた簡単に復習してみる．恒星は，星間ガスが「冷えつつ」重力収縮し，最終的に収縮の中心で核融合の火が灯り，形成される．この「冷えつつある段階」に着目する必要があるのだ．なぜ星間ガスが冷えつつ重力収縮できるかというと，もちろん，重力収縮で獲得したエネルギーが光として外部に逃げ出すからである．この光は，重力収縮中にエネルギーを獲得した重い元素からなる分子が，そのエネルギーを開放するときに放射される．もし重い

元素がないならば，適当な分子が形成されず，その結果，重力収縮中に解放されるべきエネルギーが解放しつくされることがないのだ．

このように，星間ガス中の重い元素の有無は，少なくとも星間ガスの重力収縮に大きな影響を及ぼすことが分かる．ここで，星間ガスの暖かさ（もしくは冷たさ）が，恒星のどのような性質に反映するか考えてみよう．何度も繰り返しているが，恒星は星間ガス自体の自重により収縮し誕生する．その収縮を妨げる効果を考えてみる．簡単のため，最も単純な場合，球対称で静かな星間ガスを準備する．気体の基本的な性質として，圧縮されると気体の温度が上昇することが知られている．重力収縮は基本的にこの圧縮の効果と考えられるので，もしガスが単純に収縮していくだけならば，ガスの「温度は上昇」することになる．温度が上昇すると，圧力が大きくなる．その結果，収縮しようとするガスは大きくなった圧力の効果のため反発し，膨張に転じることになる．このように，もし単純に何の効果もなく，重力収縮するならば，実は恒星は誕生できないのである．

そうすると，圧縮による温度上昇が抑えられるならば，重力収縮の結果，恒星は無事に誕生すると想像できる．温度上昇が抑えられれば抑えられるほど，恒星形成には有利となるのである．このために，重い元素または重い元素から構成される一酸化炭素のような分子が大きな役割を果たすのだ．これらが，冷却媒体として機能するということである．

冷却の程度が生まれる恒星のどのような性質に応答するのか，この疑問に立ち返ろう．いまみてきたように，恒星が誕生するためには，圧力のような反発力に打ち勝つほど，自重による重力が大きい必要がある．よって，温度が高ければ高いほど，星間ガスが恒星となるためには自重による重力は大きくあるべきである．よって，温度が高くなるということは，恒星形成には不利に働くものの，できるだけ大きな自重による重力を維持できるもの，つまりできるだけ大きな質量をもったものだけが重力収縮へ向かうことを許されることが分かる．結局，星間ガスの温度は恒星の質量という性質に反映することになるのである．

実際に，重い元素のない星間ガスからの恒星形成過程を考えてみよう．まず，自己重力による収縮中，現在の恒星形成過程で期待されるほど，収縮中のガスの温度は下がらないことになる．その結果，典型的には，初代の恒星は

5.4 初代の星たち

現在の恒星の質量より大きかったと期待されるのだ．とはいえ，やはり星間ガスが収縮する過程で，そのガスは何らかの冷却媒体により蓄えられる熱を逃してあげなければならない．重い元素が皆無な状況では，何が冷却媒体として利用できるのであろうか？ 利用できそうな分子は，水素やヘリウムなどで形作るしかない．いや，実はそうなのである．初代の恒星が生まれるとき，その母体となる星間ガスの圧縮による加熱を和らげられるのは，水素分子が冷却媒体として働くからなのである．よって，初代の恒星がどのようにどのくらい生まれるのかは，水素分子が何処でどのくらい，どのように形成されるかと深いつながりをもっているのである．この事実は，本章の最後の方でもう一度必要になってくるので，少しでも記憶に留めておいていただければと思う．

　初代の恒星の質量が大きいということは，実は，天文学的にはとてもありがたいこととなっている．まず，恒星の進化過程で重元素が作られ，初代天体が超新星爆発などとしてその終末を迎えた際，その重い元素は銀河中にばら撒かれることになるからである．これは，その後の星形成活動を有利にすることになり，現在我々が見る立派な銀河が生まれることをサポートすることにつながる．また，質量が大きいということは，恒星の進化が速いことを意味する．つまり，初代の星たちは，宇宙や銀河の年齢に比べて，非常に短い寿命しかもたず，我々の銀河に初代の恒星が簡単には見つからない事実を自然に説明してくれるのである．

　一口に，現在我々の銀河（天の川銀河）に初代の恒星が検出できないといっても，初代の恒星の観測的特徴は何なのであろうか？ 何をもって，我々は，初代の恒星を認識できるのであろうか？ いま，この章で紹介したように，初代の星達は重元素のない星間ガスから生まれてくる．よって，基本的に，恒星の大気には重い元素は含まれないはずである．万が一，恒星の進化の途中で，内部で形作られた重い元素が浮上してきたとしても，それはごく微少だと思われる．さらに万が一，周辺の初代恒星が先にその終焉を迎え，内部で形成した重い元素を星間空間にばら撒き，その一部が別な初代の恒星の表面に降り積もったとしても，やはりその重い元素の量は微少と思われる．このように，初代の恒星を特徴づけるものは「重い元素が微量か，全くないか」であることとなる．

　天文学は最も長い歴史をもつ学問の1つであるが，いままでにわたって，重

CHAPTER5　星の物語

い元素をもたない恒星は1つも発見されていない．だからといって，手を拱（こまね）いているわけではない．いま現在でも，最新鋭の望遠鏡を用いて，重い元素のない，もしくは重い元素の極端に小さい恒星の探査は続けられているのである．次に，最新の重い元素量の小さい恒星探査の話題を紹介する．

　最近，ヨーロッパの天文学者により現状を打破するある観測結果がもたらされた．ヨーロッパ南天天文台のグループが，彼らの最新鋭の大型望遠鏡を用いてある恒星

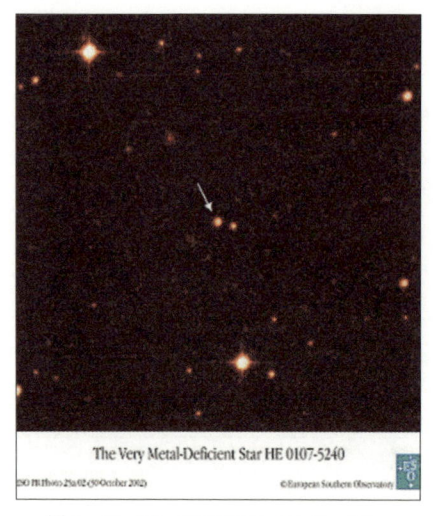

図5・21　HE　0107-5240. Digitized Sky Survey, ESO.

の重い元素量を調査したのである．観測対象として選んだ恒星は，ほうおう座にある HE 0107 − 5240 だ（図5・21）．ヨーロッパ南天文台のグループは，この星に含まれる重元素量が太陽の僅か20万分の1ほどであることを突き止めたのである．それまでの記録ホルダーであった恒星の重い元素量と比べると，この HD0107 − 5240 は，さらに20分の1の重い元素量しかもたなかったのである（図5・22）．

　では，どうしてこのような記録的に小さい重い元素量の恒星が見つかったのであろうか？　実は，彼らの発見に用いられた観測データは，もともとはクェーサー探査のために整理されたものであった．彼らは注意深くそのデータを解析した．その結果，彼らが見つけようとしていたクェーサーだけではなく，約8000個の重い元素量があまりない星の候補が検出されたのである．そこで，最新の観測装置をさらに用いて，この候補星たちの大気の様子を詳細に観測し直したのだ．彼らの発見は，実は，地道な努力の積み重ねであったこともうかがい知れるのである．

　なぜ，いままでこのような重い元素の小さい恒星が見つけられていかなかったのであろうか？　彼らによると，理由は以下の通り単純である．宇宙の初期

5.4 初代の星たち

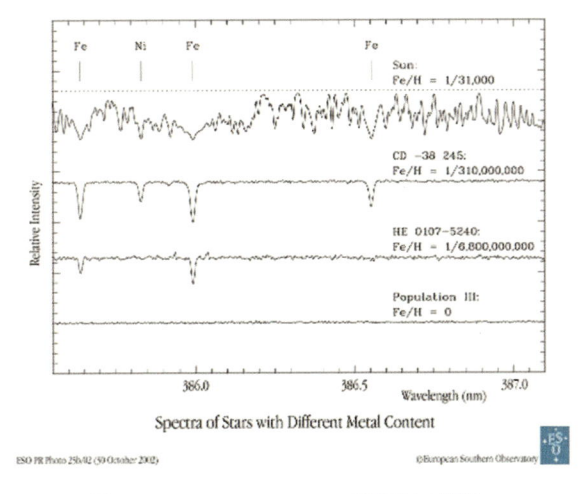

図5・22 HE 0107−5240の重元素量の観測.

に誕生した恒星は大質量星であることは前に紹介した．これらは寿命が短いために，すでに超新星となり，なくなってしまっている．さて，彼らが見つけた恒星の質量はどのくらいだったのであろうか？ 実は，太陽よりもさらに小さい質量をもつ星だったのである．質量が小さいということは，寿命が長いことになる．このため，重い元素量の少ない恒星は，その質量が小さいからこそ，太古から現在まで生き残ることができ，彼らに観測される結果となったのだ．

日本の研究者グループも負けてはいない．2005年，日本が誇るすばる望遠鏡を駆使して，さらに初代の恒星に近いと思われる星を発見しているのである．その星はHE1327−2326とカタログされている．もともと，ヨーロッパ南天文台グループが非常に重い元素量の小さい星の候補としてピックアップしていたものであったが，十分に詳細な観測ができないままでいた．そこを，すばる望遠鏡に備え付けられる最新鋭の観測装置を駆使して，重い元素量の評価に挑んだのである．その観測は見事に成功し，先のHE0107−5240の重い元素量に比べて，HE1327−2326はそのさらに半分であることが明らかにされた．

さて，こうなると次のような疑問が生まれる．先ほど紹介したように，初代の恒星たちはどちらかというと重い星として誕生し，現在ではすでに超新星と

なり存在していないはずである．一方，観測的にどんどん発見される，初代の恒星に近いと期待される星々は，我々の太陽よりも質量が小さいくらいである．初代天体の質量は大きいと期待されることに対する後者の矛盾は，初代天体形成の我々の理解が不十分なためであろうか？それとも，最近発見されつつある初代の恒星候補はあくまでも第2世代以降，つまり，いったん重い元素により汚染された星間ガスから生まれた恒星なのであろうか？今後は，初代の恒星の典型的な質量の研究だけではなく，どの程度その質量にばらつきがあるのかも，我々は理解していく必要に迫られるであろう．

ところで，初代の恒星の重さのばらつきはどのような物理過程が反映されているのであろうか？最初の恒星が生まれるとき，本当の最初の星の質量はやはり大きいものと思われる．しかし，先走って生まれた恒星が少し遅れて生まれる星形成過程に影響を与えると考えるのである．つまり，本当の最初に生まれた恒星が放つ輻射が，ほんの少し遅れて恒星が生まれるための星間ガスに影響を及ぼし，その結果，通常期待される量より多い水素分子が生じるのである．先ほど紹介した事実，つまり，水素分子が重要な冷却媒体であったことをここで思い出して欲しい．結局，こういった環境効果のため，まだほとんど汚染されていない星間ガスから質量の小さい恒星が生まれる可能性が生じる．この興味深いシナリオの検証も，今後，精力的に行われていくであろう．

いきなり，小さな質量の話となってしまったが，初代の恒星の主役級はやはり質量の大きな星だ．それらは，すでに超新星となり失われてしまっているが，その痕跡を何とか見つけ出すことはできないであろうか？現在，その痕跡を検出するためのアイデアが提案されている．宇宙の始まりはビッグバンという言葉に象徴されるように，非常に熱いプラズマであった．その後，水素イオンと電子が結合し，宇宙は中性ガスで満たされることになる．振り返って，現在の宇宙，特に銀河間空間では，水素元素はほとんどイオン化されている．このような再イオン化はどのようにして起きたのであろうか？1.2節または図1.21で触れたが，その有力な電離光子源は初代の恒星と思われている．なぜなら，典型的と考えられる初代の恒星は質量が大きい結果，その輻射のほとんどが紫外線領域の（水素原子を電離できるエネルギーをもつ）光子となるからである．つまり，宇宙が再電離していることからも，質量の大きい初代の

5.4 初代の星たち

恒星が存在したことがうかがえるのである.

こういった初代恒星を直接検出することはできないのであろうか？イタリアのグループが興味深い研究を発表している．彼らの提唱するシナリオは次のようなものである．いま，紹介したように，初代の質量の大きな恒星は確かに紫外域で光子を放射している（紫外線）．しかし，その紫外線は周囲の星間ガスと相互作用し，最終的に水素のライマンαと呼ばれる，特徴ある振動数をもつ光子に転換されると期待される．このライマンα光子が赤方偏移すると，初代の恒星の形成時期に応じるが，概ね近赤外線領域で検出されることになる．観測的に好都合なのは，宇宙の開闢6億年くらい，赤方偏移で9くらいの時期と言われている．どのように観測的に興味深いかというと，宇宙赤外線望遠鏡（IRTS）の近赤外域に検出された超過に（図5・23），初代恒星起源のライマンα光が符号する可能性があるからである．将来的にもし，この赤外線超過が初代の恒星の影響であるという結論に至ったならば，逆に，初代の恒星形成の理解に向けて，非常に大きなヒントを与えてくれることとなるであろう．

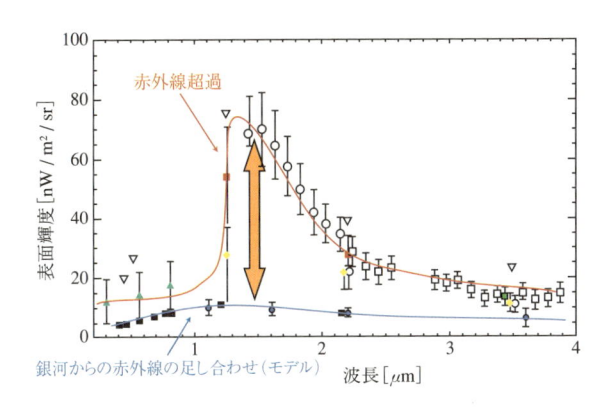

図5・23 赤外線背景放射の超過．
（参考：http://www.geocities.jp/milkyway_amanogawa/reserch.htm）

このように，初代の恒星の素性や形成を考えることは，現在のそして将来にわたる最新鋭の観測装置を駆使することと併せ，今後しばらく研究の最前線となることと思う．また，実証的に，初代の恒星の形成現場を検出するためには，ちょっとした独創的なアイデアも必要とされるのではないかと思ってい

る．こういった意味で，初代の恒星に関する研究は非常にチャレンジングであるとともに，今後よりいっそうその進展を期待されている研究課題ともいえる．筆者も，この分野の観測が今後どのような驚きを我々に与えてくれるのか，非常に楽しみにしている．最後に，この分野の発展には，今述べたようにさらに性能の良い観測装置が必要とされている．つまり，大規模な予算も必要とされるのである．よって，その科学的，もしくは人類にとっての文化的意義を明らかにすることから，多くの人々に理解され，そしてサポートされることを願っている．

CHAPTER 6
惑星系形成に迫る

6.1 惑星系の一生

　実際に我々人類というものが何処から来て何処へ行くのか？これは多くの読者が気になる大命題である．実際に学問の最前線に携わる人々も，この命題にいよいよ答えを与えようと本格的なチャレンジを始めている．では，一体どこまで真理に迫ることができるのであろうか？天文学的には，我々の太陽系がどのように形成されてきたのか？まず，このポイントを明らかにすることが目標とされている．太陽系とは，我々人類が唯一その素性を詳細に探査できる惑星系である．そこで本章では，現在の惑星形成，特に太陽系を念頭におき，現状の理解を紹介していく．

　まず，太陽系の様子を大雑把に概観しよう（図6・1）．我々の太陽系は，地球のような岩石の塊として存在する小さい惑星，木星のようにガス大気が主成分である惑星，天王星のように氷で覆われている惑星，原始太陽系の情報を他の惑星に比べて色濃く残していると期待されている冥王星などの微小天体と，8つの「大きな」惑星と微小天体から成立している．この他，火星と木星の間に，無数の小惑星が存在するが，この本では「伝統的」な惑星についてのみ扱いたいと思う．

CHAPTER6　惑星系形成に迫る

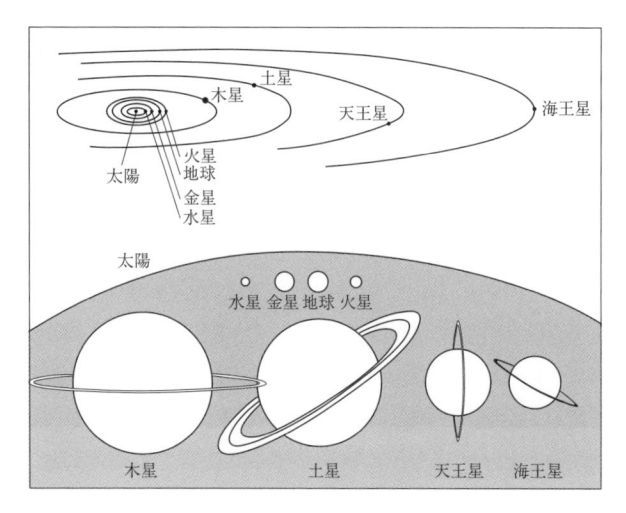

図6・1　太陽系概念図

　恒星の形成過程で紹介したことを思い出して欲しい．恒星は，星間雲，特に密度の濃い分子雲の内部で誕生する．太陽系の素もこの分子雲ということになる．勘の鋭い読者には，「分子ガス」のような気体から，地球のような岩石が主成分の惑星がどのように形成されたのか，不思議に思う方も多いと思う．もっともな疑問である．これは，逆に考えると，分子雲とは単純な分子気体の塊ではないということである．岩石の塊のような惑星の素となる固体物質も，分子雲は含有しているのである．天文学者は，この分子雲に含まれる固体物質を星間塵と呼んでいる．星間塵というからには，この固体物質は非常に小さいものである．直感的でない大きさかもしれないが，大きくとも1000オングストローム程度にしか過ぎない．結論から述べると，この星間塵が集積と合体を繰り返して，地球のような岩石が主体の惑星が形成されることになるのである．

　では，星間塵がどのように惑星になっていくのか？現在信じられているシナリオを，順を追って紹介していこう．実際の恒星形成の現場は，分子雲コアという分子雲の中でも密度の大きなところと考えられている．そこでは，確かに恒星が誕生するのであるが，生まれたての恒星はその周りにガス円盤をもっている．この円盤は，原始星を形成するガスが単純に真っ直ぐには落下せ

6.1 惑星系の一生

ず,どうしても回転しながら降り積もってくることの名残である.分子雲コアの内部で分子ガスが自らの重力で収縮しようとするとき,現実には,ほんの少しでも分子雲コアを構成しているガスは回転している.この回転は収縮するとともに速くなり,分子ガスのすべてが原始星となることを妨害する.逆に,原始星まで落下しきれないということは,原始星の周りを周回することを余儀なくされることを意味する.フィギュアスケートの競技者が,その腕を広げたり縮めたりして自分自身の回転スピードを調整することに非常に似ている.

　原始星の周りには,このように,どうしてもガス円盤が形成されなければならない.先ほど紹介したように,ガス円盤を構成する分子ガスは,実は星間塵を含んでいる.よって,できたての原始惑星系円盤の主成分は分子ガスと星間塵ということになる.このとき,原始惑星系円盤中の星間塵は,春の埃っぽいときのように,霞がかかったように円盤中に分布している.惑星をつくりあげるためには,このように円盤全体に舞い上がった星間塵をなんとかして集め上げる必要があるのだ.学問としてまずチャレンジすべきことは,この星間塵の集積過程を明らかにすることとなる.現在では,まさにホットな研究課題となっているが,解決すべきポイントも多く,これから天文学者を目指す読者によって解決されていることを期待したい.

　かといって,何も分かっていないわけではない.期待されているシナリオは次のようなものである(図6・2).まず,原始惑星系円盤が非常に埃っぽかったことを思い出して欲しい.円盤中にばら撒かれていた星間塵は円盤面中央にじわじわと沈んでいく.円盤面に沈んだ後,この星間塵が主成分である薄い円盤が,自分自身の重力で分裂する.この分裂の結果,微惑星という惑星形成の前段階に相当する天体が無数に生まれることが期待される.次に,この微惑星同士が合体成長して,原始惑星が生まれてくる.この原始惑星は,水星のような天体であったと想像されている.また,地球型惑星は,この原始惑星が衝突合体することで誕生したものと思われている.木星型惑星は,衝突合体した原始惑星がその重力により,周囲のガスを取り込んだものと考えられている.いずれにしても,実際の惑星系が誕生するためには,階層的な構造形成レベルがあることを把握してもらえるとよいと思う.各構造形成レベルで,固有の問題があり,天文学者は日夜その解決を模索しているのである.

CHAPTER6　惑星系形成に迫る

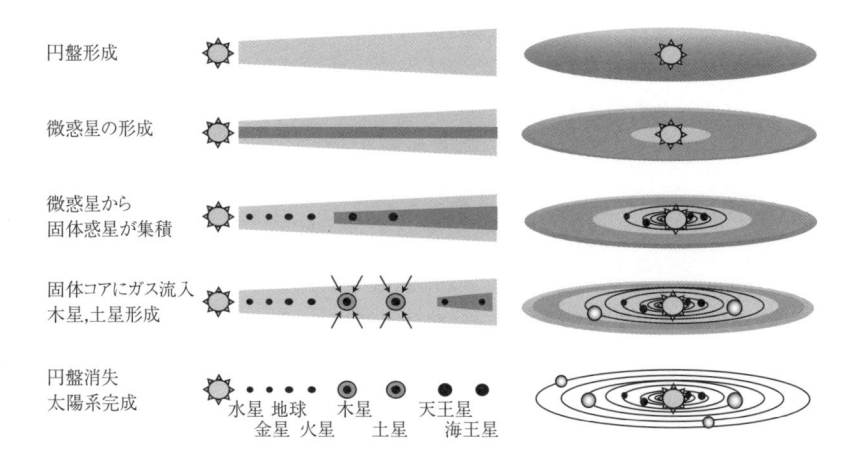

円盤形成		
微惑星の形成		
微惑星から固体惑星が集積		
固体コアにガス流入木星,土星形成		
円盤消失太陽系完成	水星　地球　　　木星　　　天王星 　　金星　火星　土星　　　海王星	

図6・2　惑星形成シナリオの概念図.

　星間塵の円盤面の集積に関して，最近はホットな議論が行われている．ここでは，この理解にどのような問題があるのか，少し考えてみよう．もし，原始惑星系円盤がとても静かなガスでつくられているならば，星間塵は静々と円盤面中央に沈んでいくことになり，何も問題はない．それは，コップ中の泥水の泥が，時間さえたてば，きれいな水と底に沈んだ泥に分離することと同じである．さて，問題は，原始惑星系円盤を成している星間塵混じりの気体が静かな状態にあるかどうかである．実際には，原始惑星系円盤ガスは乱流状態にあると考えられる．これは，中心にある原始星により，その原始惑星系円盤の構造がおおまかに定められることの帰結でもある．また，乱流状態とは，字句のまま，気体が非常に乱れて存在することを意味する．このように，気体が乱れて存在していると，原始惑星系円盤を構成するガスは，せっかく円盤面に沈み込もうとする星間塵を再び上空に巻き上げてしまう．結果として，星間塵は原始惑星系円盤面中央になかなか沈み込まないことになる．このままでは，円盤面に星間塵が溜まることはなく，微惑星の形成が不可能となってしまう．現在，多くの天文学者がこの難問を如何にして解決するのか，知恵を出し合っているのが現状である．

　地球型惑星の形成に関して，もう少し詳しく考えてみよう．地球型惑星は，

6.1 惑星系の一生

水星，金星，地球，火星となっているが，大気の存在が特徴的な金星，地球，火星に対象を絞ることにする．惑星における生命の存在に関して，多くの読者が関心を示すことと思う．たまに新聞や科学雑誌を賑わすこともあるが，残念ながら誰もが納得する形で，地球以外の惑星に生命の痕跡は見つかっていない．しかし，我々の地球に生命が存在することから，惑星大気の存在が最低限，生命の誕生に必要であろうと信じられている．こういった大気は，果たして原始惑星円盤のガスを取り込んだものなのであろうか？

木星型惑星の大気は，その成分を調べると，地球型惑星のものとは大きく異なり，その起源は原始惑星円盤のガスを重力により捕獲したものと考えられている．逆に，我々の地球は酸素や窒素，そして二酸化炭素が主成分で，木星大気の主成分である水素やヘリウム，メタンなどとは大きく異なっている．これは，地球の大気が原始惑星系円盤ガスを捕捉したものではないことを示唆しているのである．実は，こういった地球型惑星の大気の存在にも，星間塵が重要な役目を果たしているのだ．星間塵は，シリケイトや酸素，炭素，鉄などが固体として固まってできたものである．微惑星や原始惑星は，こういった星間塵が合体成長して誕生した．特に，原始惑星が合体成長し，地球型惑星となる段には，熱い溶岩の塊として形成されるものと信じられている．このとき，固体にへばりついていた様々な元素が中空に放たれ，酸素や窒素を形作り，現在の地球型惑星の大気が生まれたものと期待される．重要なことは，星間塵といった，まさに埃のような天体が，生命に必要な大気の源となり，水や酸素の素となっていることである．宇宙は大変広く，思わぬところで様々な天体が関わり合う．宇宙を理解するためには，幅広く，自由な観点から自然を見つめることが必要とされる，格好の例証であろう．

木星型惑星がその大気を獲得する様子を眺めてみよう．図6・3にその様子を簡単に紹介する．木星型惑星は，形成した瞬間には，地球型惑星と同様に原始惑星の合体成長により，固い物質として誕生する．ただ，こういった原始木星型惑星の周りには，ふんだんに原始惑星系円盤のガスが残されているのである．原始木星型惑星は，その重力圏に入り込んだガスを順次自らの周りに取り込んでいくのだ．しかし，話は少し複雑である．恒星形成の際には，単純に分子ガスがその自らの重力で収縮していったととらえることができた．木

CHAPTER6 惑星系形成に迫る

星型惑星の場合は，図6・3に見て取れるように，単純に原始惑星にガスが降り積もっていくわけではなく，上流と下流から原始惑星系円盤ガスが流れ込んでいくように形作られるのである．実際にこのような原始惑星円盤ガスの流れが可能であるのか，その様子は今後詳細に理解していかなければならないであろう．

原始惑星系円盤の最後の姿はどのようになっているのであろうか？ ハッブル宇宙望遠鏡が明らかにしたように（図6・4），原始惑星系円盤は，その進化の最終段階で，何らかの理由により散逸することになる．このことは，我々の太陽系が，いまは特に原始惑星系円盤に覆われていないことからも明らかで

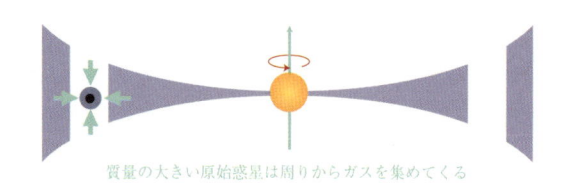

質量の大きい原始惑星は周りからガスを集めてくる

図6・3 原始木星の形成過程の概念図．

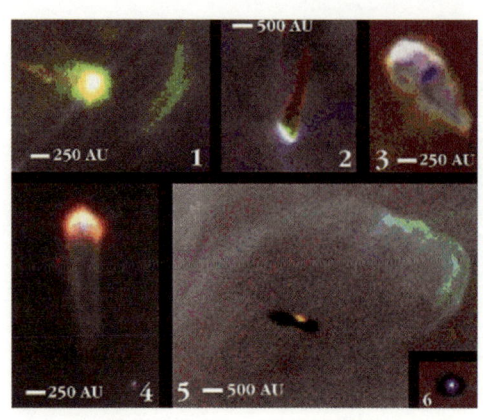

図6・4 蒸発しつつある星周円盤．
John B., D. Devine and R. Sutherland（CITA）．

ある．しかし，原始惑星系円盤の散逸過程は謎に溢れている．現在では，原始星が本当の恒星になる段階の，なんらかの活動性が円盤の消失を引き起こすものと考えられている．その期待できる原因として，原始星表面，もしくは，原始星と原始惑星系円盤との間をつなぐ磁力線のつなぎ変わりの際に放出されるエネルギーが重要となるとする主張もある．もちろん，単純に，

6.1 惑星系の一生

原始星からの星風により，原始惑星系円盤ガスが吹き飛ばされるのかもしれない．一部の天文学者は，原始惑星系の傍らにあった質量の大きな星からの光によるガスの蒸発が重要であると述べたりしている．いずれにしても，このように，原始惑星系円盤の最終状態は，かなり未知に溢れていると言うことができるものと思っている．

このような惑星系形成過程の痕跡は残っていないのであろうか？ 最近の観測技術の進歩は目覚しく，実際にこの痕跡の検出に成功しつつある．まず，惑星系形成の痕跡の概念図を紹介したいと思う（図6・5）．この図では，2つの基本的概念が提示されている．1つは，カイパーベルト天体の存在，もう1つは，オールト雲の存在である．オールト雲は，分子雲コアから惑星系形成が成るときに取り残された残存ガス

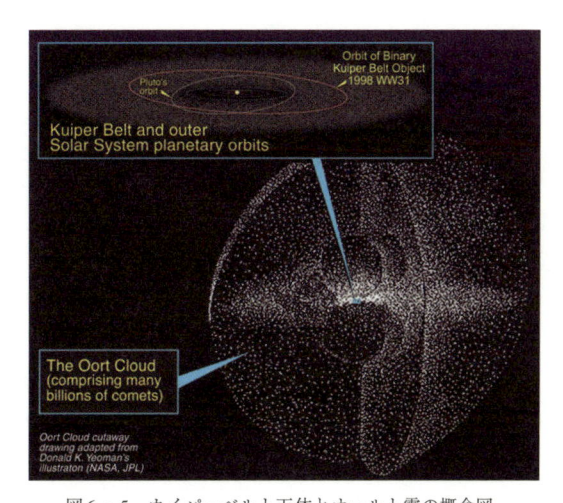

図6・5 カイパーベルト天体とオールト雲の概念図．

および星間塵，または，その集積物からなると想像されている．実際，太陽を巡る周期の長い彗星の一部は，このオールト雲起源ではないかと，強く信じられている．一方のカイパーベルト天体についてみてみよう．図6・6に示すが，実際に我々人類は，このカイパーベルト天体の検出に成功している．太陽系天体の観測の特徴は，観測される天体の固有運動が検出されるべきところにある．図6・6では，実際にカイパーベルト天体が固有運動を行っている様子が分かる．こういったカイパーベルト天体は，現在では無数に検出されている．近年，新しい惑星として一時期話題になったセドナは，このカイパーベルト天体のなかでも大きなものの1つと考えるのがよいであろう．このように，現代の天文学は，原始惑星系円盤の名残を，直接観測できる技術力をそなえ

CHAPTER6 惑星系形成に迫る

ているのである．今後，このような痕跡をより多く，その多様性を把握することから，原始惑星系円盤の進化に関して，新たな知見が得られるものと期待できるであろう．

実際に，惑星が星間塵の集合合体の結果であることの証拠はあるのであろうか？最新のスピッツアー赤外線観測衛星の観測結果ですでに紹介した．図5・20にその証拠の候補を紹介してある．この図では，横軸が波長で，主に赤外線帯域となっていた．縦軸は，波長ごとに期待される明るさとなっている．図中の線は，期待されている波長ごとの明るさである．注目すべきなのは，中間赤外と呼ばれる $10\,\mu m$ に有意なへこみがあることであった．もし，原始惑星系円盤の星間塵が吹き上げら

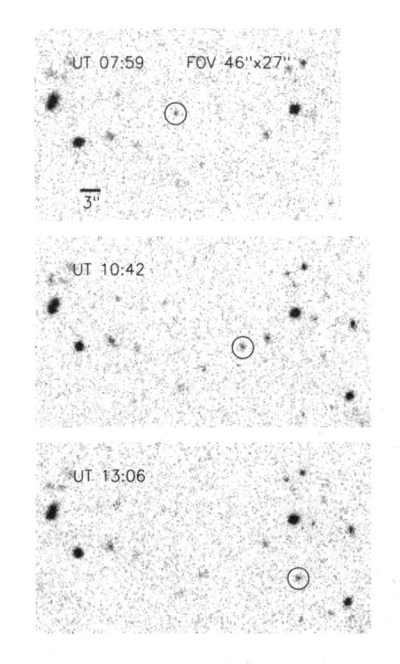

図6・6 カイパーベルト天体の固有運動．
Chiang, E.I. and Broun, M.E.1999
The Astronomical Journal Vol.118, 1411.

れたままでいたならば，こういったへこみは存在すべきではない．こういったへこみが存在することが，特に，原始惑星の形成の痕跡ではないかと信じられているのである．今後，ますます，このような観測が進み，実際に惑星の形成過程が明らかにされていくことを，筆者も期待してやまない．

6.2 多様な惑星たち

個々の歴史的惑星の性質を概観していきたい．まず，遠方の冥王星から始めたい．冥王星は1930年に，アメリカのローウェル天文台のトンボーによって発見された．興味深いことに，この発見は1930年3月13日で，1781年に天王星が発見された日と同じであった．この天体の名前は「プルトー」とされたが，プルトーとは地下世界の王（ギリシア神話のハーデス）であり，太陽系最遠の暗い惑星であることを陰的に表すのに適していたと思われたと想像する．

6.2 多様な惑星たち

　ちなみに，このプルトーを日本語で「冥王星」と訳したのは，星の文学者であった野尻抱影氏であることを付記したい．太陽と冥王星の距離は平均約 39.5 天文単位であるが，その軌道離心率は 0.25 と他の惑星に比べて非常に大きく，太陽からの距離は，冥王星が一周する間に，およそ 10 天文単位も増減している．このため，約 248 年の公転周期のうち，太陽に最も近づく 20 年ほどは，海王星の軌道より太陽に近くなる．その後，1978 年 7 月 2 日，アメリカ海軍天文台のクリスティによって，冥王星の衛星が検出された．それは冥土の河の渡し守「カロン」と命名されている．冥王星の直径は，月の 3 分の 1 ほどの 2274km でカロンの直径は 1172km であることが知られている．つまり，この冥王星と衛星カロンの直径の比は，地球と月の約 4 対 1 を超える 2 対 1 でとなっており，衛星というより双子の微小惑星と言ってよいであろう．2006 年，冥王星が通常の惑星ではないことが話題になったが，発見当初より，以上の通り通常の惑星と同列に扱うには問題が多すぎたことが確認できる．

　次に海王星について紹介しよう．海王星は 1846 年 9 月 23 日，ドイツのベルリン天文台のガレによって発見されたとされている．天王星の発見の 65 年後にあたる．これはフランスの天文学者ルベリエの要請に基づく観測の結果であった．ルベリエは，天王星の軌道の理論と観測の誤差から，さらに外側を回ると思われる未知の惑星の位置を計算していたのである．ガレはこのルベリエの友人であり，探し始めて 30 分ほどでこの海王星を発見したと伝えられている．実は，同様な計算はイギリスの天文学者アダムスも 1845 年に行っていたが，その報告はグリニッジ天文台で 9 ヵ月も放置されるという憂き目に合った．発見よりも報告が科学的に重要であることの一端が垣間見える．

　海王星には 1949 年当時に，トリトンとネレイドという 2 つの衛星が発見されている．トリトンは，海王星の半径の 15 倍ほどを円軌道で「逆行」している．一方，地球の月のように「順行」しているネレイドは，海王星の半径の 227 倍もの軌道長半径をもち，離心率 0.75 というきわめてつぶれた楕円軌道を描いている．このように，海王星が形成されるときには，何か特別なことがあったことが示唆される．ちなみに，ボイジャー 2 号により，トリトンの内側（海王星の半径の 5 倍以内）にさらに 5 つの「順行」する衛星が発見されている．トリトンの「逆行」性は「謎」として心にとどめておく必要があるであろう．

CHAPTER6　惑星系形成に迫る

　天王星を海王星と比較してみよう．天王星と海王星は，水やメタン，アンモニアなどが凝固していることで特徴づけられる氷の惑星である．天王星の直径は地球の4倍，海王星は3.9倍ほどで，大きさはよく似ている．総質量は海王星の方がやや上回っている．地球から見ると天王星は5.7等，海王星は7.8等の明るさで，肉眼では天王星がぎりぎり見える限界である．この遠い両惑星は，いずれも望遠鏡によって発見されたという共通点がある．望遠鏡の普及が，天文学の発展に役立ったことを物語っている．

　ところで，望遠鏡で発見されたといっても，天王星は1781年3月13日，イギリスのウイリアム・ハーシェルによって偶然検出された．彼は口径15cmの望遠鏡で，二重星の観測の第2段階に取り組んでいたそうである．天王星の軌道半径は約19天文単位で，土星の9.6天文単位の2倍ほどになる．これは，天王星が発見されたことで，人類の認識する太陽系の大きさが2倍に広がったことも意味する．この発見が，さらに，太陽系の外縁部の天体に興味をもたせるきっかけになったと言っても過言ではないであろう．さて，海王星には保持する衛星の様子に特異なものがあったが，太陽から遠いこの天王星にも何か特徴はないのであろうか？　太陽系の惑星表の「赤道傾斜角」をみると，各惑星の赤道の傾き，表現を変えると自転軸の傾きが書かれていることが分かる．この角度が90°以上ということは，自転の向きが地球などと違い，逆転していることを意味している．金星，天王星，冥王星が90°を超えている．太陽系形成の過程でいったい何があったのであろうか？　このような特異な性質から，太陽系形成に関するヒントが逆に得られるであろう．しかも，天王星の赤道傾斜角は97.9°で，ほぼ横倒しの状態である．非常に不思議ではあるが，イマジネーションが膨らませられる事実である．

　土星はその際立ったリングの存在のために，最も人気のある惑星かもしれない．土星は木星とともに，太陽系の惑星の中でその大きさの1番と2番を争う巨大惑星である．土星のリングは外側からA環，B環，C環と大別されているが，一番明るいのはB環だ．環の傾きが大きい年は，環を望遠鏡で観望するよい機会なので，機を逃すのは惜しいかもしれない．その周期は約15年である．

　木星の話に移りたい．木星は太陽系中最大の惑星である．太陽を1回りする周期は約12年であるが，自転周期は約10時間で，非常に高速で回転している

6.2 多様な惑星たち

惑星といえる．この高速自転の起源を考えることから，惑星形成に関して，大きな理解が得られるかもしれない．木星を特徴づけているのは，なんといっても赤道と平行して存在する赤褐色の縞模様と南半球に見られる大赤斑であろう．

直接目で観測はできないが，最近の観測装置の発展により，木星が有する衛星の個数は63を数える．そのうち，最も大きな4つの衛星，イオ，エウロパ，ガニメデ，カリストは1610年にガリレオによって発見されたものである．俗に，ガリレオ衛星と呼ばれている．1979年にアメリカの惑星探査機ボイジャーは，イオの地表に地球以外の初の活火山を発見した．このイオの火山活動から，逆に，衛星の形成過程が把握できる時が来るかもしれない．木星の表面に見られる縞模様は，木星自身の回転により，地球における貿易風のように，赤道に平行して起きる大気の循環が原因でできているものと考えられている．大赤斑は，大きな渦で，その寿命が長いことだけでも不思議であるのだが，地球における台風に相当するものかもしれない．木星最大の衛星ガニメデは，ガリレオ探査機の観測から，地球によく似た構造であることが期待されている．しかも，ガニメデの大気には酸素があり，地球上で生命が誕生した環境に近いかもしれない．この意味で，木星はミニ太陽系と言ってもよいであろう．ちなみに，木星の大気の主成分は，中側が金属水素，外側は液体水素であり，地球の大気の諸成分とは随分異なっている．

これから，地球型の惑星を順に見ていこう．まず火星である．火星は地球軌道の1.5倍ほど外側のところを公転している．火星の太陽を回る周期は約1.9年で，地球とは約2年2ヵ月ごとに接近することになる．また，火星の軌道は地球より楕円にゆがんでいて，地球が8月末くらいに位置する方向で最も太陽に近くなる．これは，8月末頃に火星が地球に接近した場合，最も地球と火星の間の距離が狭まることを意味している．俗に言う，大接近である．大接近時には，火星の見た目の大きさは25.1秒角，明るさは-2.9等となり，小さな望遠鏡でも，火星の姿を楽しむことができる．

さて，地球と火星は太陽系の内側から3番目と4番目の惑星である．いずれも岩石の惑星で，火星は地球の大きさの半分ほどである．火星の質量は地球の約10分の1，表面での引力は地球の4割ほどとなる．1976年に着陸したバイキング1号・2号，さらに21年ぶりに火星を訪れた1997年のマーズ・パス

CHAPTER6 惑星系形成に迫る

ファインダーなどの撮影した火星の風景は，空がくすんだオレンジ色に見えた．地球と異なり青空ではないかもしれないが，これは火星に大気がある証拠である．もし大気がなければ，月面での写真のように昼間でも背後に恒星が見えるはずだ．

地球と火星の似ているところは，四季の変化が存在するところにある．それぞれ自転軸の傾きが地球23.4°，火星25.2°と似通っているからである．ただし，火星が太陽から受ける熱は地球の半分以下である．よって，火星の平均気温は−40℃となり，地球の平均温度よりずっと低い．火星の公転周期は，地球の2倍ほどなので，地球に比べてゆっくりと季節は変わってくことも差異である．火星における季節の特徴は，極にある極冠の盛衰に見出せる．冬の極地方は−120℃以下にもなり，二酸化炭素が結晶となり，降り積もって白い極環が発達する．夏には溶けて，もちろん小さくなるのである．

そろそろこのあたりで，火星に生命は存在できるのか？ という質問がありそうだ．残念ながら，火星の大気は，地球上での大気の濃さの100分の1以下で，成分のほとんど二酸化炭素である．大気の組成が地球と全く異なるだけではなく，この大気圧の小ささが，「水」の存在を許さないのだ．「水」は水蒸気のような気体か，氷の状態でしかその存在を許されないのである．よって，火星において，通常の意味での生命（液体の水を体内で循環させるタイプの生物）の存在は（特に現在では）不可能である．

最後に，金星と水星を紹介して本章を終えよう．金星と水星は私たちの地球よりも太陽に近いところを公転している．これらを，火星より外側の惑星との対比から，内惑星と呼んでいる．内惑星であるということから，望遠鏡などで見ると，これらの惑星は月のように満ち欠けして見える．最内縁を公転する水星は，地球から見ると太陽から28°以上離れることはない．金星の位置だと，太陽からの見かけの角度は48°以上離れることはない．これらも，両者が内惑星であることの観測的特徴である．

金星と水星も，もちろん岩石質の惑星である．ただし，両者とも衛星をもたない．火星や地球が衛星をもつにもかかわらず，特に地球と同じくらいの質量である金星などは，なぜ衛星をもたなかったのであろうか？ 金星の自転が約243日と極めてゆっくり，かつ逆転している事実とあわせ，衛星をもつチャ

6.2 多様な惑星たち

ンスに恵まれなかったことは，惑星系形成の理解にひょっとしたら重要なヒントをもたらしてくれるのかもしれない．

ところで，金星には大気が存在していることが分かっている．その主成分は二酸化炭素のようである．さらに，金星は厚さ10km以上の濃硫酸の雲に覆われている．様々な探査により地表での気圧は90気圧，温度は500℃近くになることが分かった．この高温の起源としては，金星大気の二酸化炭素による温室効果が効いていることが分かっている．地球環境問題などで近年つとに話題に上がっているが，温室効果という現象は，金星の大気の研究から確立されている，特に不思議な現象ではないのである．

他方，水星は大気がほとんどなく，太陽に向いている面は430℃，反対に夜の側は－180℃にもなる．僅かな大気の主な成分はナトリウムだ．これまで水星を探査した惑星探査機は，1973年に打ち上げられたアメリカのマリナー10号ただ1機のみである．この探査機により，水星の表面は月面のように無数のクレーターで覆われていることが分かった．この事実は，水星の大気が非常に薄いことと関係がある．

以上，ざっと様々な惑星の性質を見てきたが，まとめると，お互いに同じ性質をもつ惑星はないということである．その多様性はどのようにして生まれてきたのであろうか？ 自転軸が横倒しになったり，逆転したり，などなど．惑星形成時には，意外と激しい出来事があったことが暗示されているのである．

惑星系の終末にも少し思いを馳せてこの章を終える．以前は，現在の太陽が赤色巨星として数百倍にも膨らむので，地球は飲み込まれて終末を迎えると考えられてきた．ところが，英国サセックス大学における最近の研究によると，事情は少し異なるようである．さて現在知られている惑星は，非常に安定に太陽を公転し続けることが知られている．また恒星も進化する天体である．太陽はいつしか赤色巨星へと膨らんでいき，外層を吹き飛ばし，白色矮星となるであろう．太陽の質量が小さくなるならば，地球の軌道は外側にずれていき，膨らんだ太陽に飲み込まれない可能性が生じる．このとき，惑星系の軌道をもはや安定に保っておくことはできないかもしれない．太陽質量が小さくなりすぎ，各公転運動を維持できなくなってくるからである．惑星系の終末は，システムからの惑星の離脱として記述されるかもしれない．

6.3 奇妙な惑星系たち

　天文学の使命として，宇宙の様々な階層を意識したうえで，我々の存在の成り立ちに迫ることが挙げられる．具体的に述べるなら，それは，宇宙開闢(かいびゃく)以来，悠久の歴史の中で，我々の存在する太陽系がどのように生まれ，そして地球のように酸素や水をふんだんに有する惑星がどのように成り立ってきたのかを明らかにすることになる．このとき，あたかも我々の太陽系が標準的な惑星系と考えがちとなる．果たして，それは本当なのであろうか？本章では，最新の観測結果をもとに，太陽系以外の惑星系の様子を紹介することから，この疑問に繰り返し立ち返りたい．

　この惑星系形成問題は，最も古くから考えられてきた天文学的課題と思われる．現代では地球やその他の惑星が太陽の周りを公転するという事実を疑う必要はない．惑星形成理論も，もちろん主要な重力源である中心の恒星の周りを惑星が公転することを前提としている．翻って，古代では太陽系をどのように認識していたかというと，それは生活の実感からの直感から成立したものであるものの，太陽や地球以外の惑星が地球の周りを回転するという，天動説が主流を占めていた．天動説の立場では，惑星形成はどのように考えられてきたのであろうか？それは，生まれたものではなく，初めからそこにあるといった，静的認識にとどまっていたものと想像される．現代では，恒星を含め，銀河や宇宙の大規模構造でさえ，ある宇宙の始まりから徐々に形成されてきたものと理解されている．静的概念から動的概念に思想の転換が行われたといっても過言ではない．問題は，我々が構築しつつある構造形成論が一般性を有するかどうかである．ここでは，我々の太陽系形成を説明する学説がどれほど普遍的なものか，それに少しの疑問を投げかけてみたいと思う．

　こういった，ある種哲学的背景のもと，近年，太陽系以外の惑星系探査が精力的に行われるようになった．現在，近年で最もホットなトピックスの1つと言っても過言ではないであろう．順番に説明していくが，最近の観測結果を鳥瞰すると，我々の太陽系がそもそも「普通の惑星系」であるのか疑問に感じてくる．こういった疑問の出所をはっきりと伝えるために，1990年代中盤以降の，系外惑星探査の歴史を簡単に紹介するとともに，最近の情勢を紹介していきたい．

6.3 奇妙な惑星系たち

ことの始まりは1995年10月となる．ジュネーブ天文台に所属する天文学者たちが，ペガスス座51番星の周りに巨大惑星が存在していることを報告したのだ（図6・7）．ペガスス座51番星は，太陽から42光年という「近い」距離にある我々の太陽によく似た恒星である．あくまでも，当初は，我々のような太陽系に似た系外惑星系の発見を目指していた．彼らのとった

図6・7 記念すべき最初の発見．ベレロフォンとホットジュピターのイラスト．

手法は，次のようなものである．まず，太陽に似た恒星の周りには，まず惑星が存在しているだろうと期待する．その場合，その惑星は恒星の周りを公転することとなる．加えて，惑星自体も重さをもっているので，少しながらでも中心の恒星を重力で引っ張ろうとする．このお互いの重力相互作用は，外から観測すると，微小な振動としてとらえられるはずである．この天文学者たちは，この微小な振動を，当時最新鋭の分光装置を用いて検出したのである．

分光装置とは，振動数ごとに光を分解する能力をもつ観測装置のことである．このとき，適当な原子核が存在すると，その原子核の性質を反映するエネルギー状態に応じた特徴的な振動をもつ光子と相互作用できることを思い出して欲しい．この特徴的な振動は，もしその原子核が運動しているならば，ドップラー効果により少しずれることになる．観測的には，恒星と惑星との間の重力が引き起こす微妙な運動を，恒星の大気を構成する物質を特徴づける振動数の偏移からこのドップラー効果を評価することになる．もちろん，ドップラー効果の大きさは，相手の惑星が大きければ有利である．よって，もし我々の太陽系が普遍的なものであるならば，ある恒星とその周りの木星のような大きな惑星との重力相互作用で引き起こるドップラー効果が見つけられると期待された．実際，ペガスス座51番星の周りに発見された惑星は，質量が木星の0.47倍程度の巨大惑星であった．ここまでは，期待通りの観測データが手に

CHAPTER6　惑星系形成に迫る

入れられたものと思う．

　ところで，恒星と惑星との間の重力相互作用は，お互いの距離が近ければ大きくなる．よって，観測的にドップラー効果を見出すことは，恒星と惑星の公転半径を把握することも意味する．彼らの観測によると，ペガスス座51番星と発見された惑星までの距離は0.05天文単位ほどと評価された．これは驚きである．1天文単位とは，我々の太陽と地球までの距離である．0.05天文単位の位置に巨大惑星が存在するということは，我々の太陽系の場合に想定すると，木星のような惑星が地球の内側を公転していることを意味するのである．確かに，このペガスス座51番星は惑星系をもっていることが期待できる．しかし，その惑星系の様子は，我々の太陽系と随分異なった様相をしているものと想像される．ちなみに，ペガスス座51番星を公転するこの巨大惑星の周期は，約4.2日と言われている．かなりの速さで恒星の周りを公転していることになる．

　このように恒星のすぐ傍らに巨大惑星が存在することは，標準的な惑星系形成理論では全く予想されていなかったため，世界中の天文学者が驚き，彼らの観測結果に疑問が投げかけられた時期もあった．幸い，その後，すぐにアメリカの別なグループによってもドップラー偏移が検出され，この特異な惑星系の存在は事実として受け入れられるようになった．さらに引き続き，同様な観測が精力的に行われ，現在ではその検出個数も合計で100個を上回っている．少なくとも，恒星の周りに惑星が存在するということは，非常に普通なことであると思われつつある．

　では，もう少し小さい惑星は発見されているのであろうか？オーストラリアの望遠鏡が興味深い観測結果を提示してくれている．彼らによると，質量が（木星ではなく）土星の約70％の質量をもつ惑星をHD76700とカタログされている恒星の周囲に検出した．この惑星の公転周期も4日未満とのことなので，やはり中心星のごく近い位置に存在していることが分かる．

　上記の2つを典型的なものととらえて現状をまとめてみよう．これまでに見つかっている惑星は，木星や土星のような巨大惑星が中心星のごく近傍を公転している．また，公転運動が，我々の惑星と異なり，円軌道から極端にずれているものもある．いずれにしても，我々の太陽系と随分様相が異なること

6.3 奇妙な惑星系たち

が指摘されているのである.

もう少し我々の太陽系に似た系外惑星は存在しないのであろうか？ 幸い，かに座55番星に公転周期が約13年で円に近い公転軌道をもつ木星によく似た惑星が発見されている．このかに座55番星は次のような意味で大変興味深い惑星系をもっていることになる．最初の系外惑星の検出は，1995年であったが，実はそのすぐ後，1996年にこの恒星を約14日の公転周期で回る惑星の存在は知られていた．その後，このように木星に似た惑星が安定軌道をもっていると，その軌道の内側では生命が存在できるような環境が整いやすく，地球のような岩石の惑星が安定して存在できやすいと期待できるのである．この議論も今後検討を要することになるであろうが，もし本当ならば，頑張ってかに座55番星の周りに地球型惑星を検出する方策を練る価値があることになるであろう．

最初の発見された系外惑星のように恒星の傍らを公転する惑星の存在は，その形成に際して理論的困難が存在している．惑星は原始惑星円盤内で形成されることを思い出そう．原始惑星系円盤は，惑星形成に重要となる星間塵とともに気体も有している．もし，中心星近傍で惑星系が誕生しようとするならば，その形成途中で，周りの気体による摩擦で中心星に落下していってしまうかもしれない．また，うまく落下しきらなかったとしても，巨大ガス惑星になるために十分な気体の獲得に失敗するかもしれない．確かに観測的には，恒星の近傍に巨大惑星が存在することが不思議ではないことが分かった．しかし，実際に，このような恒星近傍の巨大惑星がどのようにして生まれたのか？ 我々はまだ十分な理解に到達していないのである．

中心星周りに存在する巨大惑星と我々の太陽系の木星とはどのような差があるのであろうか？ ここでは，恒星近傍に存在することの環境効果を紹介したいと思う．中心星に近いとどのようなことが起きるのであろうか？ 近いといっても，標準的な系外惑

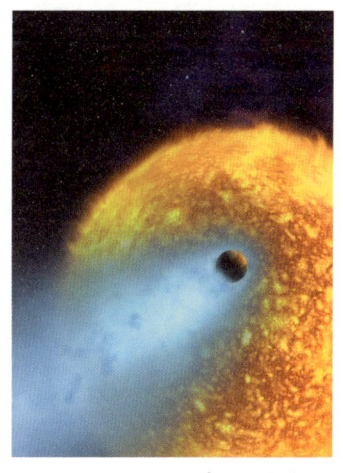

図6・8 ホットジュピターの概念図 (ESA/Hubble).

星は極端に中心星に接近している．つまり，巨大惑星の大気は，近傍にある恒星の輻射により暖められることになる．暖められた結果，大気の温度が上昇することになる．つまり，中心星周りに木星と同じ大きさの系外惑星が存在していたとすると，その差は大気の温度に表れるのである．よって，中心星にごく近い系外惑星のことをホットジュピターと呼ぶことがある（図6・8）．

中心星に惑星大気が炙られるとどのようなことが起きるのであろうか？ 暖められたものは膨らむという直感の通り，ホットジュピターの大気は，標準的な木星型惑星の大きさより大きいことが期待される．このことは，どのように確かめられるのであろうか？ ここまでは主に分光観測を利用してきた．今回は測光観測を行うのである（図6・9）．系外惑星は中心星を公転している．ときには観測者と恒星の間に入り，ときには観測者から見えなくなる．これは，部分的にでも，公転の間に中心星の一部を惑星が隠すことを意味する．一般に恒星と惑星の温度はかなり異なり，恒星の方が高い温度をもつ．よって，恒星の温度に応じた光を観測すると，惑星はマスクの役目を果たすので，公転周期に応じて，若干でも暗くなったり明るくなったりすることになる．特に暗くなる量は，マスクするサイズ，つまり惑星のサイズで定まる．よって，1公転周期にわたり測光変光観測を行うことで，惑星のサイズを評価できるのである．最近の報告によると，予想通り，ホットジュピターの大気は，木星大気を説明するような標準モデルが予想する惑星のサイズより，有意に大きくなっているとのことである．

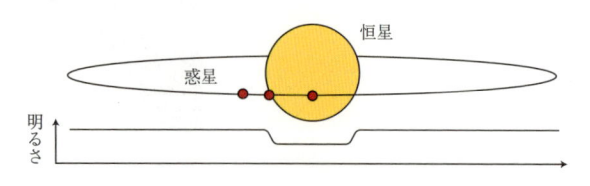

図6・9　食検出法の概念図．

次に，一体どのような環境，もともとの母体となる分子雲の性質のもとで惑星系形成は可能になるのであろうか？ 最近，興味深い研究が行われている．図6・10にその代表的成果をまとめよう．横軸が金属量，縦軸が惑星をもつ

6.3 奇妙な惑星系たち

恒星の割合である．天文学で金属量とは，大雑把にとらえて，水素やヘリウムより重い元素量のことである．見て分かる通り，金属量の多い場合に惑星をもつ恒星の割合が増している．これは，星間塵という天文学的な金属の量が惑星形成に有利に働くことを意味していると想像される．つまり，根本である分子雲，否，星間物質の金属量が重要だということになる．星間空間の重元素汚染の重要性がここにも見てとれるのである．今後，非常に金属量の小さい恒星周りに惑星が検出できないことをさらに示すことで，この観測的示唆が支持されていくことになると思われる．

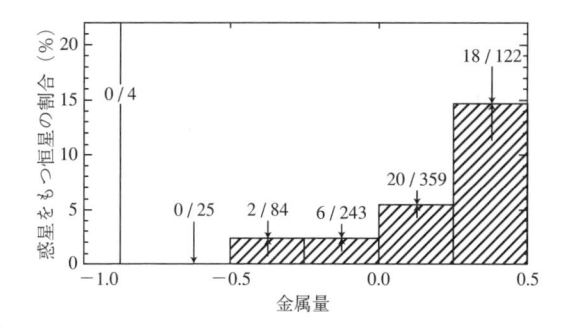

図6・10 金属量依存性（Fischer, J.A. and. Valenti, J. 2005）．

さて，本章でも，基本的に単独星の周りの惑星系に関して考えてきた．すでに読者の皆も把握しているように，そもそも恒星は連星かそれ以上の多重星として存在している．多重星は話が複雑になるのでとりあえず置いておくが，連星は無視できない．連星ではどのような惑星系が可能なのであろうか？ 連星間の距離が非常に大きければ，単独星周りでの惑星系形成論がそのまま拡張できるかもしれない．近接連星の場合は，そもそも惑星系形成が可能なのであろうか？ 今後の展開が楽しみな研究テーマである．

ここまで，ほとんどが，木星のような巨大惑星に関する話が展開されてきた．多分，多くの人は，本来的に地球型惑星の検出を期待しているものと思う．しかし，地球型惑星は質量が小さいため，先ほど紹介したドップラー効果を用いてその検出を狙うことは，得策とはいえない．地球型惑星の探査は，生

命の起源の理解へとつながるため，どうしても興味がそそられる．

最近，1つの提案が行われている．ロジッター効果として知られる現象を利用しようというのが根幹である．ロジッター効果とは次のようなものだ．まず，中心星は多かれ少なかれ必ず自転している．その自転に応じて，恒星大気を特徴づける原子核の吸収線の幅が大小することになる．ところで，ホットジュピターのところでも少し述べたが，恒星の観測者側を惑星が通過すると，恒星表面の一部を隠すことになる．分光学的に考えるならば，惑星によるマスクのため，本来ドップラー偏移のために広がって見える部分が惑星によって隠されることになる．このため，恒星大気を特徴づける吸収線の輪郭が惑星の公転周期に応じて時間変動することになる．この手法を用いれば，巨大惑星を発見した手法のように重力の大きさは関係ないので，ひょっとすると地球型惑星の発見につながるかもしれない．それにしても，地球型惑星はその半径は小さいと想像されるため，ロジッター効果を用いても，その検出は非常な困難を極める．

最後に，最初に強調した「普通の惑星系」とは何か？について考え直してみたいと思う．現状では，系外惑星系は，中心星のごく近傍に巨大惑星が存在することが普通ということになっている．この意味で，現代では，太陽系のようなきれいな惑星系は稀で，むしろ，ホットジュピターを擁する惑星系の方が普通だと考えられる．しかし，これは本当であろうか？この直前の段落で述べたように，単純に地球型惑星の検出が難しい一方，中心星の近傍に巨大惑星が存在する場合は観測的に有利なだけに過ぎない可能性もある．この章では，敢えて，我々の太陽系は普通ではないかもしれないという印象を与える叙述をしてみたのであるが，観測結果にはまだ不定性があるかもしれない．それは，木星のような「中心星から遠いところにある惑星」を有するような恒星の分光観測による惑星系の検出が難しく，その困難を克服できていないことを意味するのかもしれない．いずれにせよ，どのような惑星系が標準であるのか？この疑問に答えるには，現代でもまだ少し早いのかもしれない．

CHAPTER 7

今後の天文学

7.1 ALMA計画が始動

　人類は，電波，可視，赤外，エックス線，ガンマ線と様々な波長で宇宙を探求してきた（表7・1）．ほぼ，すべての波長で宇宙を観測できるようになっているのである．しかし，まだ，人類が天文観測に十分に利用しきっていない波長帯がある．それはちょうどサブミリ波域に相当する．ミリ波観測では，例えば，日本の野辺山にある国立天文台の45m鏡が画期的な観測結果を現在でも出し続けている（図7・1）．サブミリ波とは，そのミリ波よりも少し波長の短い光子のことである．

図7・1　野辺山45m鏡．（国立天文台）

　サブミリ波は概ね，低温で高密度の星間物質から放射される．分子雲を解説したところで紹介したが，このような星間物質内で恒星は形成されているのである．また，恒星の形成と連動して惑星系形成も促されることとなる．また，恒星形成をもう少し大域的視野で見つめ直すならば，それは星団や銀河自体の形成にも関わってくる．つまり，宇宙の成り立ちを把握するための最も基本的な成分に応答した波長帯であるとも考えられる．特にサブミリ波観測から期待できる成果としては次のようなものが挙げられている．原始銀河での爆発的な星形成を起こしている星間物質の様子，超新星爆発の衝撃波によって圧縮された星間物質の性質，星および惑星系形成に直結する高密度分子雲コアなどだ．これらのことは，もちろん，いままでの観測からも大体の様子は把

CHAPTER7 今後の天文学

握できつつあった．しかし，決定的な観測的証拠は得られていない状況である．なぜなら，その決定的証拠はちょうどサブミリ波帯に反映されているからである．よって，宇宙の成り立ち（銀河スケールから惑星系形成スケールまで）を把握するためには，どうしてもサブミリ波観測が必要なのである．

また，サブミリ波観測は，銀河形成期の様子も垣間見せてくれるかもしれない．SCUBAというサブミリ波検出器を利用した観測により，初期宇宙には膨大な量の星間物質の中で爆発的に星形成が行われている原始銀河が存在することが指摘された（図7・2）．赤外線観測に関して紹介した章（5.3節）において，星からの放射は星間塵にいったん吸収されたのち，星間塵はそのエネルギーを遠赤外線域で再放射する．遠方の銀河は，我々から遠ざかるように見えるため，ちょうど，遠赤外線はサブミリ波域に赤方偏移してくるのである．よって，サブミリ波域の観測を行うことは，直接銀河の成り立ちに関わる重要な情報を提供してくれるのである．

図7・2 SCUBA．
http://www.roe.ac.uk/ukatc/projects/scuba/index.html
（UK ATC ウェブページより）

さらに，原始銀河の話を推し進めてみる．サブミリ波帯の波長ごとの明るさが検出できたとして，いったい何が分かるのであろうか？ 本書で何度か触れてきたが，こういった分光観測を行うことにより，成長している原始銀河の星間物質の組成が分かることになる．いったん，その組成が把握できると，重元素量が推定されることになる．重元素は，恒星の進化中に形成されることは何度か述べた．よって，原始銀河の星間物質の重元素量をサブミリ波帯域で観測することによって，銀河の人生においてごく初期の星形成量が把握できることになるのである．原始銀河の素性を詳らかにすることは，惑星系形成の理解とともに，現代天文学が挑むべき大問題の1つである．この意味でも，数多くの天文学者がサブミリ波帯域の観測技術の進展に努力し，また期待しているのである．もう一方の惑星系形成を狙った話は，次のALMAプロジェクトの紹介後としたい．

7.1　ALMA計画が始動

　現在，こういったサブミリ波の検出を大々的に狙った国際プロジェクトが進行している．それは，ALMA計画といい，このALMAとはアタカマ大型ミリ波サブミリ波干渉計（Atacama Large Millimeter/submillimeter Array）の略である（図7・3）．聞くところによると，ALMAとは，建設予定地であるチリの公用語であるスペイン語で「こころ」とか「たましい」という意味をもっているそうである．このサブミリ波干渉計は南米のチリ共和国の北部にあるアタカマ砂漠の，ボリビアやアルゼンチンとの国境に近いアンデス山脈の標高5000m程度の高原に造られつつある．高山にサブミリ波望遠鏡を建設するのは，できるだけ地球大気の影響を受けないようにするためだ．こういった試みは，日本でもすでに行われており，実は日本を代表する富士山に1台，サブミリ波望遠鏡が設置されているのである（図7・4）．加えて，アンデス山脈の建設予定地の有利な点は，年間降水量が100mm以下と非常に少ないからである．サブミリ波観測を行うためには，理想的な立地条件と思われる．

図7・3　ALMA.
http://www.nro.nao.ac.jp/alma/J/Images/ALMA_photo.jpg

図7・4　富士山サブミリ波望遠鏡.
（提供：東京大学理学部物理学教室）

CHAPTER7　今後の天文学

　望遠鏡の様子に関しても，少し紹介しておきたいと思う．ALMAは干渉計という名前からも想像がつくように，64台のサブミリ波望遠鏡を並べて使う．それぞれの口径は12mを予定しているとのことだ．アンテナ群は最大で14kmまで広げられる設計になっている．この14kmまで広げられるという設計は強力である．この望遠鏡間の幅を大きくすることで，観測時の角分解能の性能が上昇するからである．角分解能が上がるとは，天体の構造や分布の空間的特徴がより観測しやすくなることを意味する．現在，急ピッチで建設が進められており，適当なタイミングで，その時点までにでき上がったシステムを使って，部分的にでもALMAの運用は始まろうとしている．天文学者に限らず，宇宙に興味をもつ皆さんもうかうかしてはいられない．画期的な発見が，部分運用といえども，もたらされること請け合いだからである．

　ところで，干渉計とはどのようなものなのであろうか？　まず，望遠鏡を大きくする効果を考えてみる．望遠鏡を大きくすると，より多くの光を集めることができる．ALMAで64台もの望遠鏡を用意するのは，1つには，1台の望遠鏡よりも64台の望遠鏡の方が，全部合わせると大量の光を集めることができるからである．つまり，より暗い天体を観測することができるのである．さて，望遠鏡を大きくすることの効果はもう1つある．それは，望遠鏡の鏡の大きさに応じてより細かい構造を検出することができる効果である．これを，空間分解能もしくは角分解能が向上すると言う．では，大きな望遠鏡を作ればいいではないか！と思われるかもしれないが，残念ながら，それほど簡単ではない．実際，地球からの重力により，大きな望遠鏡は，見る方向ごとにたわんでしまう．このたわんだ望遠鏡の観測データから，方向ごとのたわみの効果を補正することは，それだけでも随分と骨の折れる作業となるであろうし，現実的とは思えない．また，地上では風が吹く．この風により，望遠鏡は観測しようとする方向からぶれてしまう．このように，単純に大きな望遠鏡を作れば良い観測ができるわけではないことが分かってもらえると思う．

　そこで登場するのが干渉計だ．干渉計とは，複数の小さな望遠鏡を組み合わせ，それぞれのアンテナで受信した電波を互いに関連づけさせて，天文観測を行う装置である．一台のアンテナを小さくすることで，重力や風の悪い影響を極力小さくできるメリットがある．加えて，望遠鏡の間隔を大きくとること

7.1 ALMA計画が始動

で，擬似的に大きな口径の望遠鏡となるので，非常に良い角分解能を達成することができる．まさに優れものである．唯一の欠点は，広がった天体の観測に不向きなところであるが，詳しい説明は電波天文学の優れた教科書に譲りたいと思う．ただ，ALMA計画において，日本のグループは，電波干渉計のこの欠点を補う装置を開発そして建設中であり，この寄与があるからこそALMAのもたらす科学的成果に大きな期待が寄せられているのである．

さて，もう気づいていると思うが，ALMAは干渉計なので，非常に良い角分解能を達成させることができる．ALMAの最高の解像力は0.01秒角といわれている．ちなみに，1秒角とは分度計の目盛りにある1°の3600分の1である．手元に分度計があるならば，ぜひ見てみて欲しい．その角度の小ささに驚いてもらえると思う．この角分解能は，すばる望遠鏡やハッブル宇宙望遠鏡に比べてもさらに10倍ほど良いものである．この角分解能の性能を活かしてどのような天文学を行うことができるのであろうか？おうし座方向にある分子雲を例にとって考えてみよう．この分子雲は星形成領域としても有名で，距離は400光年ほどにある．このおうし座分子雲に原始太陽系があると仮定してみよう．そうすると，この0.01秒角の分解能とは，地球の公転半径程度のサイズに相当する．よって，ALMAによって，原始惑星系円盤の進化の理解が爆発的に進展する可能性があるのである．

身近でALMAのような大規模プロジェクトが進みつつあると，今後の科学の国際協力に関して思いを馳せたくなる．21世紀に入り，科学的に最先端を極めようとすると，どうしてもより巨大なプロジェクトを立てざるをえない状況になりつつある．もちろん，独創的なアイデアをもとに，個性豊かな観測装置を作り上げられるならば，まだまだ新しい観測的知見は得られる．ただ，汎用性を考えるとどうしても大型化せざるをえない．これは，科学もしくは天文学の成熟の表れであり，学問としては喜ばしいことかもしれない．しかし，巨大プロジェクトを推し進めるには，大規模な予算も必要である．その予算は，今後，1つの国家が独力で成し遂げる程度以上の大きさとなる．このため，国際協力が，予算的にも技術的も，必要とされることになるはずである．この意味で，ALMAは天文学における本格的な国際協力のモデルケースとなるのではないかと想像している．

CHAPTER7 今後の天文学

ALMAのような大規模プロジェクトは，科学を勇躍，推し進めるために必要不可欠である．しかし，こういった大規模プロジェクトに目を奪われて，基礎的な学問の重要性を忘れてはならないと，筆者自身，常日頃から考えている．立派な観測装置を作ったとしても，その観測データの意味するところを正確に読み取ることができなければ，それは正に宝の持ち腐れである．せっかくいままで人類が見たことのない世界が観られる機運になっているのであるから，立派なデータが知らせてくれる重要なエッセンスを見逃さないためにも，不断の基礎的な学習が必要なものと思っている．

巨大プロジェクトのもたらしてくれる最大の成果は，既成概念の打破であると思っている．自然界は，人智を超えていることが多く，深く広く世界を眺め直してみると，いままで想像していなかったことに出くわすことが普通である．ALMAにより，きっと我々の宇宙像が書き換えられ，そのときには，本書の内容の多くのテーマの理解が深まっているとともに，不十分な点も明らかになってくると思う．それもまた，今後の楽しみではないかと思っている．

表7.1 サブミリ波帯域

名称	波長	主な観測手段
γ 線	< 0.1 Å	γ 線天文衛星/チェレンコフ望遠鏡
硬X線	$0.1 \sim 6$ Å	X線天文衛星
軟X線	$6 \sim 100$ Å	X線天文衛星
紫外線	$100 \sim 3000$ Å	紫外線天文衛星
可視光	3000 Å $\sim 1\,\mu$m	可視赤外望遠鏡
近赤外	$1 \sim 5\,\mu$m	可視赤外望遠鏡
中間赤外	$5 \sim 20\,\mu$m	可視赤外望遠鏡
遠赤外	$20 \sim 300\,\mu$m	赤外線天文衛星
サブミリ波	$300\,\mu$m $\sim$ 1mm	ミリ波サブミリ波望遠鏡
ミリ波	1mm $\sim$ 1cm	ミリ波望遠鏡
マイクロ波	$1 \sim 10$cm	電波望遠鏡
電波	>10cm	電波望遠鏡

7.2 宇宙の一生を知るために

　いよいよ本書の最期の節となった．ここでは，いままであまり解説できなかった，宇宙の一生を理解するために重要と思われるトピックスのいくつかを紹介したい．それに加え，我々が，これからどのように宇宙の一生の把握に近づいていけるのか？を少し考えてみることにする．まず断言できることは，我々はまだ宇宙の一生を完全には理解できていないということである．自然は奥が深く，人智を超えていることも多々ある．もう少し，謙虚に，我々は宇宙と向かい合う必要があるのかもしれない．

　まず，活動銀河核の形成自体が大きな謎である．一体どのようにして，あのようなコンパクトな領域に，物質を押し込めることができたのであろうか？単純に力学的に保たれる物理量，それは角運動量であるが，それを考えると，活動銀河核の形成は一見不可能のように見える．しかし，厳然として，そこに存在するのである．この活動銀河核の形成，そして現在ではその活動性が落ちていることを統一的に理解することは，今後の天文学の最大のテーマとなることは確実である．筆者も，これからどのように学問が展開していくのか，人事ではないのだが，非常に楽しみである．

　一連の解説の中で，大きく欠落している観点がある．それは，高エネルギー物理学，もしくは宇宙線に関する記述である．星間物質の進化に，宇宙線の存在が非常に重要な役割を果たす可能性は一応述べた．しかし，その学問的奥行きは非常に深いものである．宇宙線の起源は，超新星爆発時に非常な高速に加速されたとするのが一般的である．ただし，それは，銀河系内宇宙線の話である．実際には，図7・5に紹介するように，

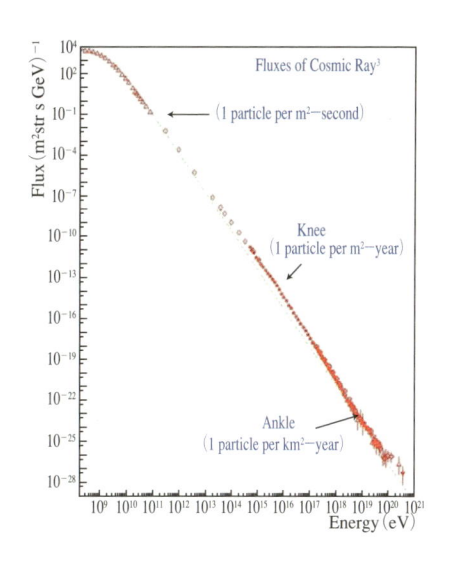

図7・5　宇宙線のスペクトル．
J. Cronin, T.K.Gaisser, and S. Swordy Sci. Amer. 276, p44（1997）

図7・6　AGASA.
（提供：東京大学宇宙線研究所）

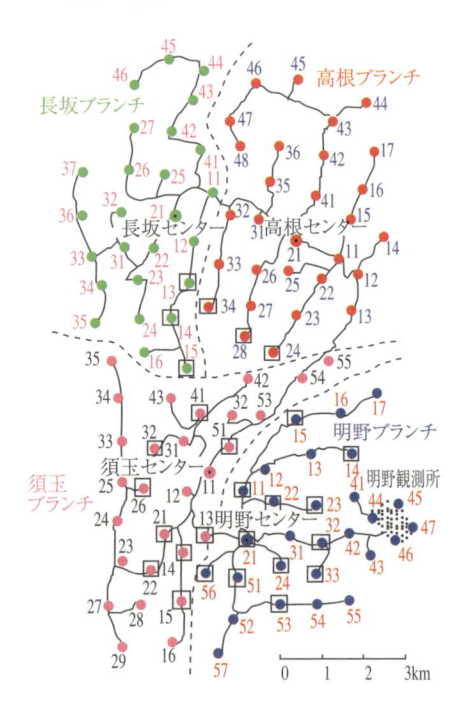

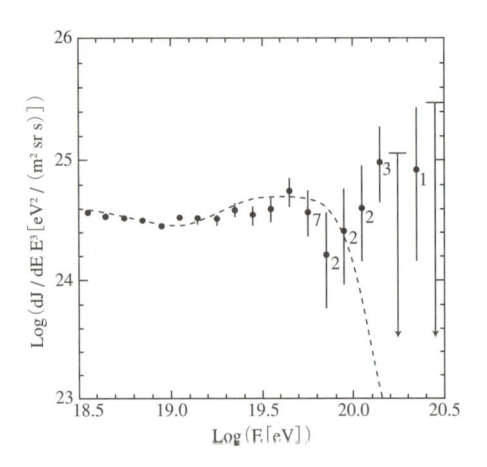

図7・7　GZKカットオフを超える宇宙線
（Takeda, M. *et al.*, 1998）．

7.2 宇宙の一生を知るために

超新星爆発の影響であると簡単に片付けることのできないほど，大きなエネルギーをもった宇宙線粒子が存在する．これらは，系外銀河から飛来したものと思われている．例えば，活動銀河核や爆発的星形成，銀河や銀河団の衝突時に，そのような大きなエネルギーをもった宇宙線が誕生するものと期待されている．

さて特に，近年話題になっているのは，AGASA（図7・6）により期待以上に検出された，最大エネルギー宇宙線粒子である（図7・7）．こういった，高エネルギー宇宙線粒子は，宇宙背景放射と相互作用することから，宇宙空間を伝播してくることも難しいと思われている．それにもかかわらず，期待値以上に，こういった最高エネルギー宇宙線粒子が検出されているのである．そもそもの起源は何なのであろうか？　活動銀河核の形成や進化と関連づけられるのであろうか？　この最高エネルギー宇宙線粒子の存在も，今後，実験的にも理論的にも研究されていくことになる．ひょっとすると，活動銀河核と関わってきて，活動銀河核の形成になんらかのヒントをもたらしてくれるかもしれない．

今度は，一転，ずっと低エネルギー側の話に移りたいと思う．星形成領域の研究は，ここ数十年にわたる電波観測や赤外線観測のおかげで，格段にその理解が深まった．しかし，こういった観測情報からだけでは，どうしても時間進化に関する情報は十分に得られない．なんとか，星形成領域の進化を計る時計が欲しいと，多くの天文学者は考えている．そこで，登場するのが宇宙化学である．本文中では全く述べなかったが，分子雲がその自己重力で収縮

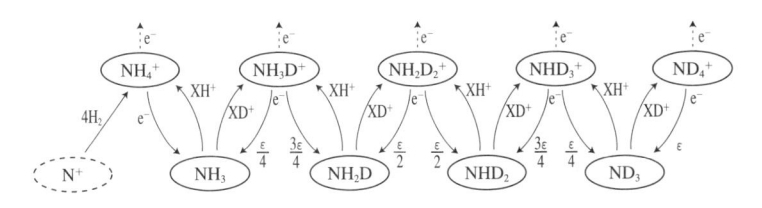

図7・8　分子雲の化学進化理論：重水素濃縮の重要性が指摘されている
（Rodgers,S.D,. and Charnley,S.B. 2001）．

CHAPTER7　今後の天文学

する際，その内部では，「非平衡」化学反応が進行するのである（図7・8）．これは，単純に分子雲中の様々な分子の存在比を，定常な化学反応理論に立脚して理解は全くできないことを意味している．この事実を，真っ先に示したのが，日本では鈴木博子博士である．しかし，非平衡化学反応を考えなければならないことには，メリットがある．それは，様々な分子の存在比から，観測している領域の進化段階を推定できることである．星形成過程のダイナミズムの理解のためにも，今後も，分子雲の化学進化，ひいては宇宙化学の重要性は高まっていくことになる．なぜなら，恒星の一生の初期段階をより実証的に理解できるようになるポテンシャルを有しているからである．

　今度は，もう少し密度の小さい物質に着目してみる．それは，一気に空間スケールも大きくなるが，銀河間物質である．現在の宇宙は，エネルギー割合で，70％くらいが暗黒エネルギー，30％弱くらいが暗黒物質，そして残りがバリオンである．ところで，我々は，宇宙のバリオンをすべて検出しているのであろうか？　恒星や星間物質などの普通の天体はバリオン物質だ．それにもかかわらず，我々は，期待されるバリオン総量の半分も未検出な段階にあるのである．こういった段階では，暗黒物質や暗黒エネルギーに迫るにはまだ早いという気分にならないこともない．いずれにしても，この見過ごされているバリオンがどこに，どのような形態で存在しているのかを明らかにすることは，現在，精力的に解明が試みられている天文学の課題となっている．

　このように，もう少しだけ宇宙を詳しくみるだけでも，我々は宇宙の一生のほとんどを実は理解していないのではないかという気分にさせられる．多分，本当に，宇宙の一生のことを，我々は全く不十分にしか把握できていないのであろう．では，どこまで，我々は宇宙を調べつくせばよいのであろうか？　完璧に理解するには，無限の時間が必要となるかもしれない．

図7・9　ルーブル美術館の天文学者の図．

7.2 宇宙の一生を知るために

　このとき，我々人類が，結局は社会的生命であることを思い出す必要があるのかもしれない．科学を実証的に推し進めるためには，どうしても，最新鋭の観測装置は大規模なものにならざるをえない．それは，どこまでも大規模にできるものでもないであろう．また，そういった大規模観測装置の建設や維持には国家予算による援助も不可欠である．こういった予算の裏付けのためには，天文学という学問が，多くの人々から支持される必要もあるであろう．結局，人類による宇宙の一生の理解度は，こういった社会的制約によって決まるのかもしれない．

　さて，このように述べたものの，筆者は全く同意していない．自然界を力ずくで把握しようとするには，それこそ限界はあるであろう．これはある程度仕方がないことと思っている．ただ，万が一大規模な観測装置の発展が頭打ちになったとしても，天文学者の創意工夫や独創性が必ず新しい宇宙像の獲得につながるものと信じている．それこそ，学者の使命ではないかと思っているのである（図7・9）．

　最後の質問を投げかけたいと思う．我々の宇宙以外にも宇宙は存在するのであろうか？　これは，ある意味で究極の質問である．この質問に答えるためには，宇宙の開闢時に起きたことを，きちんと把握する必要があるであろう．ひょっとすると，21世紀中には答えが得られないかもしれない．また，この質問に答えることができるときは，我々が宇宙の一生の本質的な部分のすべてを理解したときかもしれない．いずれにしても，宇宙の一生を理解するためには，謙虚に，人類のたゆまない知的努力が必要とされていることだけは，確かであると言うことができると思っている．

● COLUMN5 ●

ALMA国際会議に参加して

　２００６年１１月にスペインはマドリッドで、ＡＬＭＡ（Large Millimeter/submillimeter Array）という現在建設中の大型観測則装置で如何なるサイエンスを遂行すべきかを論じる国際会議に出席できる機会を得た。ＡＬＭＡを用いることにより、銀河の形成と進化、星・惑星系の形成、宇宙における物質の進化などの研究が爆発的に進展することになるであろう。２０１０年代には本格稼動するであろう本プロジェクトに、筆者も心から期待しているしだいである。

　この国際会議に参加し、改めて感じたことがある。それは、ヨーロッパでの研究スタイルと日本での研究スタイルとの差異である。多くの場合誤解されがちであるが、それは決して格差ではない。あくまでも価値観や伝統に起因する異質さである。また、極端に偏ることもなく現実には、双方のスタイルの混在性は連続的である。概ね、ヨーロッパの天文学者は観測事実（経験）の積み重ねから議論を積み重ねる傾向が読み取れ、一方の日本の研究者は物理学や化学、時には工学の基本的技術への深い理解を土台として組み上げ研究を推し進めているように感じる。

　筆者の個人的な嗜好を述べさせてもらうと、やはり理解を構築する基盤をきちんと整え、その上で責任のある（再現性の高い）論を展開した方が良いと思う。何故ならば、そうした研究経験により、他の様々なテーマの研究にすばやく着手できる能力が培われるからである。現実問題、研究者人生は長くないものであるのだから、個人の力でもより多様な世界に触れられることに興奮をきんじえない。

　そう言ったものの、国際的な学究姿勢の多様性は、科学的内容をこそ多様にする結果となり、より好意的に受け止めるべきであると筆者は確信している。両者に優劣はなく、相補的に、宇宙の諸事象に関する理解が深まっくいくことが、国際的研究者としての社会的責任を果たすことに繋がっていくであろう。人類の代表として深遠な宇宙の謎解きに真摯に取り組む

姿勢こそが共通項であり、もっとも重要なお互いのコミュニケーションへの入り口と思っている。

　コミュニケーションと言うと、天文学の分野では、他分野に先駆けてインターネットを利用した情報交換が活発化していた。私が大学院生にとなった1993年に、既に電子メールでのやり取りが普通に行われていた感がある。インターネット自体は、世界各国との研究者間の距離を縮めたため、その役割としてはメリットが多大であると確信する。情報伝達のスピードが格段に向上したのである。

　こういった高度情報化時代における、国際会議の役割はどのようなものであろうか？記号化された情報の相互交換だけならば、インターネットで十分と思われる。このため、国際会議の意義に否定的な意見も（少数ながら）聞こえてくる。実際には、それ以上の付加価値があるからこそ、現在でも活発に国際会議は開かれ続けているのである。

　その意義の1つとしては、生身の人間が直接に行なう意見交換の力にあると思う。お互いに、直に刺激し合うことで、独創性ある着想が生まれるのである。これは、芸術家がお互いの作品だけからではなく、相互に対峙することでさらなる創作意欲が湧く事情と似ているであろう。今後の様々な国際会議も、独創性を重んじる科学の発展にとって欠かせないと考えている。

あとがき

　この本は，私にとっての初めての一般向けの著作となる．最初にこの素晴らしい機会を福江先生と片岡氏からいただいてから，もう数年経ってしまった．正直言ってかなりしんどい作業であったが，今後の研究者そして教育者人生の糧となる，得難い経験をさせていただいたと確信している．本書の執筆に当たっては，大変多くの方々のお世話になっている．私をこの道に導いて下さった師匠である嶺重慎先生，本書の執筆を薦めて下さった福江純先生には，特別に謝意を表させていただきたい．また，本書が出版に漕ぎ着けることができたのは，編集の片岡一成氏の多大なサポートのおかげである．さらに，本書の内容の一部は，筆者の優秀な後輩達との議論によりも助けられている．末尾ながら，彼および彼女らにも感謝の意を表したいと思う．そうではあるが，本書内容の責任はもちろん筆者自身にある．不勉強なために誤解を生じさせてしまう記述となっている部分に関しては，私自身が反省するとともに，改訂の機会に訂正していきたいと思っている．

京都市左京区北白川追分町にて
釜谷秀幸

☆著者紹介

釜谷　秀幸（かまや　ひでゆき）

1969年，北海道函館市に生まれる．1993年，北海道大学理学部物理学科卒業．1998年，京都大学大学院理学研究科博士後期過程修了（理学博士）．日本学術振興会特別研究員，京都大学大学院理学研究科助手を経た後，現在，防衛大学校地球海洋学科准教授．専門は星間物理学，宇宙気体力学．特に，様々な天体形成の素過程に興味をもち研究を進めている．

最近の趣味は，ワイン，邦楽ポップス，洋楽ロック，クラシック音楽の収集，科学史関連の読書，スポーツ観戦．

版権所有
検印省略

EINSTEIN SERIES volume 11
宇宙の一生
最新宇宙像に迫る

2008年1月15日　初版1刷発行

釜谷　秀幸　著

発行者　片岡　一成
製本・印刷　株式会社　シナノ

発行所／株式会社　恒星社厚生閣
〒160-0008　東京都新宿区三栄町8
TEL：03(3359)7371／FAX：03(3359)7375
http://www.kouseisha.com/

（定価はカバーに表示）

ISBN978-4-7699-1050-3　C3044

続々刊行予定　EINSTEIN SERIES
A5判・各巻予価3,300円

vol.1　星空の歩き方
―今すぐできる天文入門
　　　　　　　　　　　　　　　渡部義弥 著

vol.2　太陽系を解読せよ
―太陽系の物理科学
　　　　　　　　　　　　　　　浜根寿彦 著

vol.3　ミレニアムの太陽
―新世紀の太陽像
　　　　　　　　　　　　　　　川上新吾 著

vol.4　星は散り際が美しい
―恒星の進化とその終末
　　　　　　　　　　　　　　　山岡 均 著

vol.5　宇宙の灯台 パルサー
184頁・3,465円（税込）
　　　　　　　　　　　　　　　柴田晋平 著

vol.6　ブラックホールは怖くない？
―ブラックホール天文学基礎編
192頁・3,465円（税込）
　　　　　　　　　　　　　　　福江 純 著

vol.7　ブラックホールを飼いならす！
―ブラックホール天文学応用編
184頁・3,465円（税込）
　　　　　　　　　　　　　　　福江 純 著

vol.8　星の揺りかご
―星誕生の実況中継
　　　　　　　　　　　　　　　油井由香利 著

vol.9　活きている銀河たち
―銀河の誕生と進化
　　　　　　　　　　　　　　　富田晃彦 著

vol.10　銀河モンスターの謎
―最新活動銀河学
　　　　　　　　　　　　　　　福江 純 著

vol.11　宇宙の一生
―最新宇宙像に迫る
176頁・3,465円（税込）
　　　　　　　　　　　　　　　釜谷秀幸 著

vol.12　歴史を揺るがした星々
―天文歴史の世界
232頁・3,465円（税込）
　　　　　　　　　　　　作花一志・福江 純 編

別巻　宇宙のすがた
―観測天文学の初歩
　　　　　　　　　　　　　　　富田晃彦 著

タイトル，価格には変更の可能性があります．